READY FOR
TAKE-OFF

Helmut Mauch

READY FOR TAKE-OFF

Wie man ein Flugzeug fliegt

Unser komplettes Programm:

www.geramond.de

Produktmanagement: Dr. Wolf-Heinrich Kulke
Lektorat/Korrektorat: Michael Dörflinger
Layout: BUCHFLINK Rüdiger Wagner, Nördlingen
Repro: Cromica s.a.s, Verona
Herstellung: Thomas Fischer
Printed in Italy by Printer Trento S.r.l.

Umschlagabbildungen Vorderseite:
Udo Kröner/Lufthansa (Cockpit Airbus A 340),
Hintergrund: Mark Zahel

Rückseite: Dietmar Plath

Alle Angaben dieses Werkes wurden von den Autoren sorgfältig recherchiert und auf den aktuellen Stand gebracht sowie vom Verlag geprüft. Für die Richtigkeit der Angaben kann jedoch keine Haftung übernommen werden. Für Hinweise und Anregungen sind wir jederzeit dankbar. Bitte richten Sie diese an:

GeraMond Verlag
Lektorat
Postfach 80 02 40
D-81602 München
e-mail: lektorat@geramond.de

Die Deutsche Nationalbibliothek – CIP Einheitsaufnahme
Ein Titeldatensatz für diese Publikation ist bei der
Deutschen Nationalibliothek erhältlich.
© 2007 GeraMond Verlag GmbH, München
ISBN 978-3-7654-7259-6

Inhalt

Warum ein Flugzeug fliegt

Das Wunder vom Fliegen

Längst hat man sich an den Anblick von Flugzeugen gewöhnt, die scheinbar mühelos vom Boden abheben, in einen rasanten Steigflug übergehen und rasch außer Sichtweite kommen. Doch die einen staunen über das vermeintliche Wunder, dass sich so viele Tonnen Gewicht in der Luft halten können. Für andere ist es unglaublich, dass seit den ersten erfolgreichen Versuchen mit Flügelpaaren erst ein gutes Jahrhundert vergangen ist. Nicht nur die lange Menschenschlange vor den Airline-Schaltern, sondern auch deren schwere Koffer verschwinden im Bauch der Maschine. Ganz zu schweigen von der Kraftstoffmenge, mit der man eine mittelgroße Wohnung bis zur Decke füllen könnte. Wie ist es möglich, dass diese riesigen Metallvögel – genauso auch die kleineren – sich in der verhältnismäßig dünnen Luft manövrieren lassen?

Bis eine solche Leistung erreicht werden konnte, bedurfte es unzähliger Versuche abenteuerlustiger und von Forscherdrang besessener Menschen. Die Technik entwickelt sich ständig weiter, um jede Maschine ihrem Verwendungszweck entsprechend so entwerfen und ständig modifizieren zu können, damit sie auf heutigen Stand der Technik gelangen. Dazu gehören Gewicht sparende und hochfeste Materialien oder die strömungsgünstige Formgebung.

Die abenteuerlichen Maschinen aus der Frühzeit der Luftfahrt sind nicht nur in Museen zu finden – dieser Nachbau eines Doppeldeckers von 1919 überquerte 2005 den Atlantik! Erstaunlich, welch einfachen Materialien man sich damals anvertraute: Neben Stahlrohren v.a. Holz und wetterfest lackierter Stoff, die Verspannung erfolgte mit Klaviersaiten.

Auch der Triebwerksbau unterliegt ständigem Fortschritt auf der Basis bewährter Motoren und Metall-Legierungen. Viele technische Errungenschaften der Fliegerei sind heutzutage auch auf Schiffen und im Autobau nicht mehr wegzudenken.

Die Entdeckung der Aerodynamik

Bis ein Flugzeug „schwerer als Luft" in der Luftmasse beherrschbar wurde, mussten zunächst die bislang unbekannten Vorgänge bei Bewegungen im „Luftmeer" erkundet werden. Deren Gesetzmäßigkeiten zeigten zunächst einen gewissen Spielraum, der sich jedoch aufgrund geringer Erfahrung mit dem Medium Luft als wenig tolerant erwies. Hinzu kam die mangelnde Verfügbarkeit geeigneter Materialien, weshalb aus Sicherheits- und Festigkeitsgründen dann vorsichtshalber etwas übertriebene Konstruktionen gebaut wurden (in der Fliegersprache: „over-constructed").

Außer der Festigkeit des Flugapparates, die eine der Grundforderungen des Flugzeugbaues ist, musste auch die reine Flugtauglichkeit erforscht und erprobt werden. Dabei konnte man die Strömungsgesetze nicht überlisten und das Vertrauen in das sprichwörtliche „Fliegerglück" bedeutete Ausgeliefertsein an Unbekanntes – es ging um Leben und Tod. Während heutzutage Flugzeuge überwiegend „selbst" fliegen, musste zu Beginn der Luftfahrtära jedes Exemplar mehr oder weniger kraftaufwendig vom Piloten in seiner Bahn gehalten werden. Auch die Bewegungsgrenzen des Flugzeugs selbst waren oft unbekannt und plötzlich erreicht. Ihre Verhaltensweisen bei der Annäherung an Grenzflugzustände waren häufig undefinierbar und dennoch In-

Im Vergleich zu den Ausmaßen gegenwärtiger Großflugzeuge erscheint ein Modellflugzeug wie ein unscheinbares Insekt. Dennoch folgen beide den gleichen aerodynamischen Gesetzen.

Strömungsprinzipien kann man auch im Wasser studieren, dessen Strömungsverhalten ähnlich der Luftmasse ist. Hier zeigt sich idealer Strömungszustand ebenso wie ungünstige Verwirbelungen. Auch aus dem Schiffsbau konnten anfangs wertvolle Erkenntnisse übernommen werden.

spiration für manche Verbesserung. Dazu gehörten Form, Anordnung und Anzahl der tragenden Flächen, die Wirkung des Leitwerks und die Positionierung des Motors. Mit Änderung größerer Baugruppen wurde stets auch eine konstruktive Angleichung im Detail erforderlich. So wirken bewährte und bekannte Flugzeuge durch ihre immer weitergehende Serienreife mitunter Jahrzehnte in der Luftfahrtentwicklung weiter.

Durch intensive Forschung und Untersuchungen am „fliegenden Objekt" gelangte man zu Erkenntnissen, die auch heute noch zu den Grundlagen der Strömungslehre gehören. Diese Bewegungsgesetze der Gase nennt man Aerodynamik. Sie sind denen des Wassers sehr ähnlich. Auch das Strömungsver-

halten ist gut an Wasseroberflächen zu beobachten. Entlang der Konturen verschiedener Gegenstände sind Wellen, gleichförmige Verläufe und Turbulenzzonen zu erkennen. Sogar die Kräfte und deren Wirkungsrichtung fallen auf, das gesamte Strömungsmuster wird deutlich – kaum anders als bei der Probe eines bewegten oder angeströmten Körpers in der Luftmasse! Schon die aus dem fahrenden Auto gehaltene Hand erfasst die Grundregeln der Strömungslehre.

Doch erst im Wind- oder Rauchkanal werden ähnliche Strömungsmuster sichtbar. Moderne Computer simulieren genaue dreidimensionale Darstellungen an aerodynamischen Objekten und geben neben dem Verlauf der Strömung auch die während des Vorganges unter verschiedenen Anströmungsverhältnissen gemessenen Drücke an. Das Computerbild zeigt unerwünschte Verwirbelungen, Auftriebs- und Widerstandsparameter.

Da aber die Luft ein viel dünneres Medium ist als Wasser, konnte nicht einfach jedes Entwurfsdetail dem Schiffsbau entlehnt werden. Es mussten möglichst leichte Bauweisen entwickelt werden, die sich außerdem schnell genug in der Luftmasse bewegen. Beispiele entnahm man der Vogelwelt, deren Flügelpaare den ersten Flugmaschinen Pate standen. So wurde die Struktur der Tragflächen solcher Apparate noch lange Jahre nachgeahmt und beibehalten, weil man im Verhalten der Vogelwelt auch eine Garantie des sicheren und kontrollierbaren Fliegens zu erkennen glaubte.

An Greifvögeln kann man die meisterhafte Ausbildung der Flügelflächen und der Flügelprofile erkennen. Jede einzelne Feder erfüllt in aerodynamischer Hinsicht ihren Zweck. Auch ihm genügen bei hoher Geschwindigkeit geringe Veränderungen seiner für die Steuerung eingerichteten Flügel- und Rumpfbereiche.

Das Flügelprofil

Eine der bedeutendsten Erkenntnisse war zunächst die Bestimmung des Flügelprofils, das bis heute die wichtigste Formgrundlage darstellt und immer wieder Änderungen unterworfen wird. Auch in der Welt der flugfähigen Tiere, die sich über weite Strecken ohne Flügelschlag segelnd in der Luft halten, haben sich die Flügelprofile über einen ewigen Zeitraum dem „Einsatzspektrum" des Vogels angepasst. Der Flügelumriss spielt eine wichtige Rolle, ebenso das Gewicht, das auf seiner Fläche lastet. Ein Beispiel aus der Vogelwelt zeigt: Während die Schwalbe bei einer Tragflächenbelastung von umgerechnet 1,5 Kilo pro Quadratmeter mit einer Schwebegeschwindigkeit von ca. 6 Meter pro Sekunde auskommt, hält sich eine Ente mit 14 Kilo pro Quadratmeter bei einer Fahrt von 17 Meter pro Sekunde gerade noch in der Luft. Dagegen können Storch und Bussard als Landsegelvögel die Thermik nutzen – unvorstellbar bei der Ente! Die Möwe ist für höhere Geschwindigkeiten „gebaut" und betreibt eine Art „dynamischen Segelflug" an Schiffskonturen. Noch schwerer vorstellbar ist eine Flugfähigkeit des Pinguins, dessen „Tragflächenbelastung" könnte höchstens ein dichtes Medium wie das Wasser genügen – und tut es! Also alles eine Flügelformsache. Da die Luft bekanntlich keine Balken hat, formt man eben einen

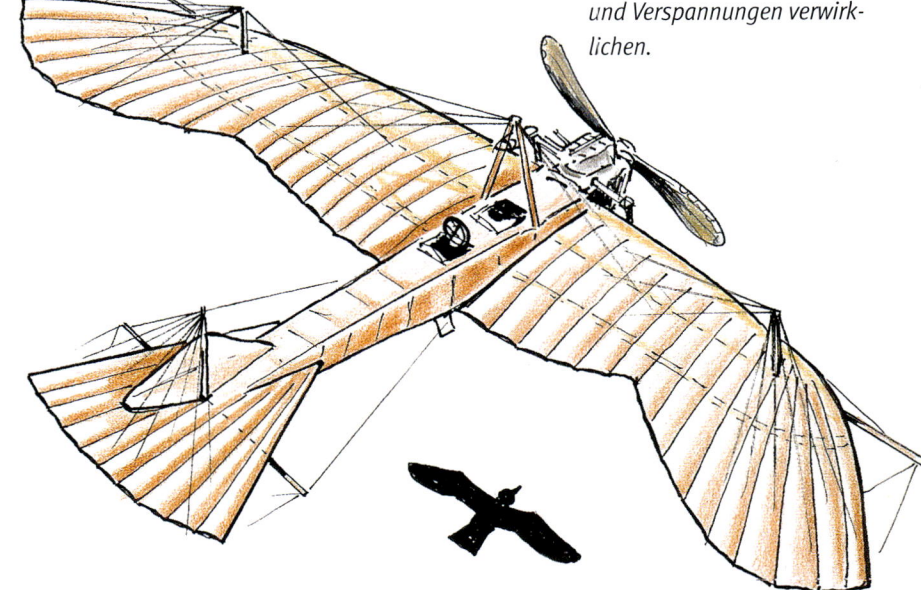

Viele Flugzeuge der Frühzeit wurden den gefiederten Luftbewohnern der Luftfahrt nachempfunden. Die schlanke Form konnte man allerdings nur mit Hilfe von aufwendigen Verstrebungen und Verspannungen verwirklichen.

Die Formgebung entscheidet, ob ein Profil außer Luftwiderstand bei entsprechender Haltung im Luftstrom auch Auftrieb erzeugen kann. Gleich, ob der Gegenstand im Medium Luft bewegt wird oder ob er von diesem angeströmt wird.

Dem Phänomen der Über- und Unterdruckentstehung liegt das Venturi-Prinzip zugrunde. Es wird mit einem Venturirohr demonstriert – auch Venturidüse genannt.

Das Rohr ist im mittleren Abschnitt verjüngt, die Ein- und Austrittsöffnungen haben gleichgroßen Querschnitt.

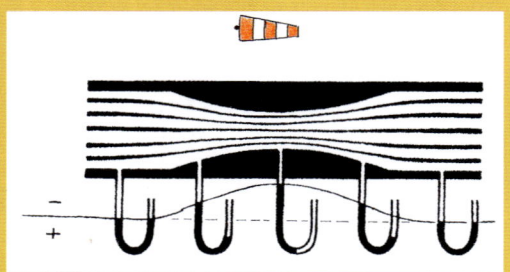

Lässt man durch dieses Rohr Luft strömen, wird an dem enger werdenden Teil die Luftmasse schneller und wird bei Erreichen des größeren Durchmessers wieder die langsamere Geschwindigkeit wie vor dem Eintritt einnehmen. Der Druck nimmt an der verengten Strecke ab, was gelegentlich auch bei Geräten, die mit Unterdruck betrieben werden, genutzt wird. Der Venturi-Effekt wird in einigen Erscheinungsformen beobachtet, wo er an sämtlichen Wölbungen, die Strömungen ausgesetzt sind, festgestellt werden kann. So wird durch seine Vakuumbildung die Temperatur gesenkt, wobei es auch zur Kondensationsbildung vorher nicht sichtbarer Luftfeuchtigkeit kommt.

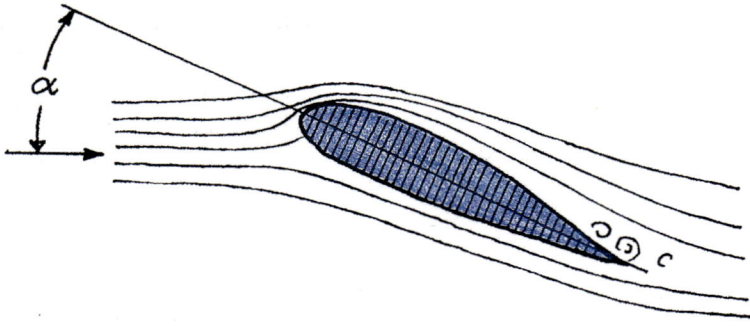

Durch die Anstellung des Profils entsteht auf der Oberseite eine schnellere Strömung, also Unterdruck. An der Unterseite werden die Strömungsfäden gestaucht und verlangsamt, dadurch bildet sich Überdruck – beide Kräfte bewirken den Auftrieb. Zwischen der Bezugslinie des Profils – der Sehne- und der Anströmrichtung besteht ein wichtiges Kriterium: der Anstellwinkel.

solchen und bearbeitet ihn so, dass er eine aerodynamisch nutzbare Gestalt erhält und auch eine tragende Kraft entwickelt: den Auftrieb.

Eigentlich kann fast jeder Körper eine nach oben gerichtete Kraft entfalten, wenn er entsprechend geformt und so gehalten wird, dass seine obere Fläche schneller und seine untere langsamer umströmt wird. Denn nach dem Gesetz von Bernoulli nimmt in strömender Luft mit zunehmender Geschwindigkeit der Druck ab. Das heißt auch, dass bei Lageänderung und einer Schrägstellung gegen die Anströmung zwei verschiedene Geschwindigkeiten um den Körper entstehen. Benötigt die Umströmung einen längeren Weg entlang der Oberseite, beschleunigen dort die Strömungsfäden und werden „verdünnt", während sie an der Unterseite verlangsamen und „verdicken". Dadurch bildet sich auf der Oberseite Unterdruck, also Sog, und auf der Unterseite Überdruck. Dieser Druckunterschied bildet den Auftrieb.

Voraussetzung für Auftriebsbildung sind genügend Anströmgeschwindigkeit und der richtige Anströmungswinkel, in der Folge Anstellwinkel genannt.

Die Größe dieses Winkels ist nicht beliebig hoch, er bewegt sich zwischen Nullauftriebsrichtung und maximalem Anstellwinkel. Die Kriterien hierzu sind von der Profilform und von der Anströmgeschwindigkeit abhängig, doch letztlich ist der effektive Anstellwinkel ausschlaggebend. Die Eigenschaften eines Flügelquerschnitts werden von folgenden Kriterien bestimmt: Da ist zunächst die Profiltiefe, die man von der Flügelvorder- bis zur Hinterkante misst, sie lässt sich auch grob als Profilsehne verwenden. Die

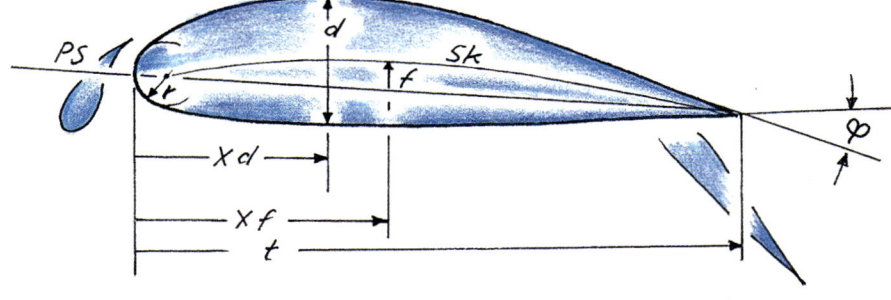

Wie dieses sehr frühe Flugzeug von Blériot zeigt, legte man zu Beginn der Luftfahrt-Ära noch keinen besonderen Wert auf windschlüpfrige Formgebung – Priorität hatte der Verbleib in der Luft. Dennoch gelang mit einer solchen Maschine die erste Überquerung des britischen Ärmelkanals.

größte senkrecht gemessene Ausdehnung des Profils ist die maximale Dicke, ihre Position wird an der Flügelnase beginnend in % entlang der Profilsehne gemessen. Bei den meisten der langsameren Flugzeuge liegt sie bei ca. 25-35 %. Je weiter die Dickenrücklage in Richtung der Hinterkante liegt, desto mehr ist das Profil für höhere Geschwindigkeiten ausgelegt. So findet man Werte bei bis zu 50 %.

Auch die Wölbung des Flügelprofils fördert den Auftrieb wie zum Beispiel bei den gefiederten Fliegern, erst ab einer bestimmten Größe auch den Widerstand. Zur Verbesserung der Langsamflugeigenschaften wird der gewölbte Flügelquerschnitt bevorzugt, allerdings setzt er der Höchstgeschwindigkeit Grenzen. Nicht gewölbte Flügel können „künstlich" gewölbt werden, indem man sie mit verschiedenen Klappensystemen ausstattet. So kann bei schnell fliegenden Flugzeugen die Start- und Landegeschwindigkeit gesenkt werden, da sich durch die Klappen die Langsamflugeigenschaften verbessern.

Diese sind auch von einer weiteren speziellen Teilform des Flügelprofils abhängig: dem Profilnasenra-

dius. Dieser bezeichnet die Rundung der Flügelnase und lässt erkennen, ob die Maschine ein gutmütiges Langsamflugverhalten besitzt oder einen frühen Strömungsabriss zulässt. Sofern sie im hohen Anstellwinkelbereich während des Starts und der Landung wie eine "Stolperkante" der Strömung ein glattes Entlangströmen an der Flügeloberseite versagt, hilft man dem Flugzeug mit einer beweglichen Vorderkante aus. Dieser Vorflügel oder Spalt lässt die Strömung wesentlich länger anliegen. An Verkehrsflugzeugen ist dieser Ausfahrvorgang der Klappen gut zu beobachten.

Die Flügeldicke im Verhältnis zur Ausdehnung in Strömungsrichtung, die Flügelwölbung, wie sie verläuft und wie stark sie das Profil verändert: diese Flügeldimensionen bestimmen die Flugeigenschaften. Der Profilquerschnitt zeigt auch die Rundung der Flügelnase und den Winkel der Hinterkante an.

Zwei Doppeldecker: Ein auf Geschwindigkeit und Wendigkeit ausgelegter Winzling vor dem weltgrößten einmotorigen Doppeldecker. Während die kleineren, meist einsitzigen Maschinen für Kunstflugmanöver benutzt werden, bewegt sich die weitaus schwerere und behäbige Antonov-2 im Transportbereich. Ihr genügen für Start und Landungen auch einfache Pisten.

Auch die Form des Tragflügels muss der geforderten Flugleistung entsprechen. Die gesamte Fläche muss für das zu tragende Fluggewicht mit Sicherheit ausreichen. Das erfordert genügend Triebwerksleistung und somit ausreichend Geschwindigkeit gegenüber der Luftmasse. Um den Vergleich mit der Flächenbelastung bei Vögeln zu wiederholen, nennen wir vier verschiedene Flugzeugtypen: ein Segelflugzeug, ein einmotoriges Schulflugzeug, ein zweimotoriges Turboprop-Reiseflugzeug und einen Airliner. Das doppelsitzige Segelflugzeug „Bergfalke" belastet seine tragende Fläche mit 26 Kp/qm, das Schulflugzeug „Grob 115" bereits mit 86 Kp/qm, die „King Air 350" mit 240 Kp/qm und der Airbus 380 mit 660 Kilopond pro Quadratmeter! Dies erfordert jeweils genügend Flügelfläche, „passende" Profilgebung und die notwendige Schubkraft für die Geschwindigkeit.

Verschiedene Tragflächenformen

Jede Tragfläche wurde für ihr spezielles Geschwindigkeitsspektrum entworfen. So findet man bei Flugzeugen, die im niedrigen Geschwindigkeitsbereich eingesetzt werden, überwiegend gerade Flügelformen. Die propellergetriebenen Verkehrsmaschinen sind ebenfalls überwiegend mit geradem Tragwerk ausgestattet. Einige Ausnahmen hiervon – auch schwerere Exemplare – wurden lange im östlichen Luftfahrtbereich eingesetzt. Gemeint sind die sogenannten Pfeilflügel, deren Entwurf bereits aus den dreißiger Jahren stammt – parallel dazu hielt auch das Turbinentriebwerk Einzug in die Luftfahrt. Mit diesen nach hinten gezogenen Tragflügeln kann man widerstandsärmer in den hohen Unterschallge-

Reisemotorsegler vereinen Eigenschaften, die bereits in der Frühzeit der Luftfahrt angestrebt wurden: Ein Motorflugzeug mit brauchbaren Segelflugeigenschaften, die eine längere Flugphase ohne Motorhilfe erlauben – zugleich ein Segelflugzeug, das zur Sicherheit in aufwindlosen Zonen einen Antrieb verfügbar hat.

Diese „Beech" ist eine typische Vertreterin der vier- bis sechssitzigen Reiseflugzeuge. Die Gestalt des Rumpfes, die Stellung der Flügel und das Design des Leitwerkes zeigen keine Tauglichkeit für den Kunstflug oder Schulflug. Das Flugzeug ist augenfällig für den stabilen und „entspannenden", ausgedehnten Geradeausflug konzipiert.

Hinter der dynamischen Lackierung dieses Doppeldeckers verbirgt sich nicht nur ein kräftiges Triebwerk, sondern auch eine für den Kunstflug und damit auch für höhere Beanspruchungen ausgelegte Konstruktion. Das scheinbar sparsame Gerippe bietet eine hohe Festigkeit und zusammen mit der Bespannung hat diese Form wenig Luftwiderstand.

schwindigkeits-Bereich vorstoßen. Von der Pfeilflügelform sind auch kleinere Business-Jets geprägt. Man hatte zu Beginn der „Pfeilflügel-Ära" gewisse Schwierigkeiten zu überwinden, was das Verhalten im hohen ebenso wie im unteren Fahrtspektrum betraf. Manche Konstrukteure „hingen" noch verhältnismäßig lange am geraden Flügel.

Auch hier gilt: Hohe Geschwindigkeit setzt wenig Widerstand und über das gesamte Fahrtspektrum anliegende Strömung und Auftrieb vorraus.

Den Auftrieb kann man vergrößern, indem man die Anströmgeschwindigkeit, das heißt die Fluggeschwindigkeit erhöht. Hierzu kann sogar der Anstellwinkel gleichzeitig progressiv verkleinert werden, wenn man in konstanter Höhe weiterfliegen will. Man kann auch den Auftrieb erhöhen, indem man den Anstellwinkel ebenfalls vergrößert. Zum Verbleib in gleicher Flughöhe muss man die Motorleis-

tung verringern, damit das Flugzeug nicht wegsteigt. Wird dabei der maximale Anstellwinkel überzogen, kann es zum Abreißen der Strömung am Tragflügel kommen. Jedoch gibt es für diesen Fall genügend unübersehbare Hinweise und einen „Selbsterhaltungstrieb" des Flugzeugs selbst, der dem Langsamflugverhalten entspringt. Jedes gegenwärtig zugelassene Flugzeug wird mit dem erforderlichen Abstand zum Strömungsabriss wieder in die Normalfluglage zurückgeführt und behält seine Kontrollierbarkeit.

Mit der Vergrößerung des Anströmwinkels muss aber auch eine andere aerodynamische Größe in Kauf genommen werden: der Luftwiderstand, der dann mit ansteigt. Und zwar quadratisch, das bedeutet bei Verdopplung der Geschwindigkeit eine Vervierfachung der bremsenden Wirkung. Deshalb bemüht man sich, das Flugzeug insgesamt mög-

lichst widerstandsarm zu gestalten. Doch eine Total-
reduzierung des Luftwiderstandes lässt sich trotz
höchst ausgefeilter Formgebung nie erreichen, bestimmte Arten bleiben erhalten, teilweise haben sie
auch Wechselwirkung hinsichtlich Geschwindigkeit
und Anstellwinkel.

Sämtliche Widerstandsarten sind noch reduzier-
bar und der neueste Stand der Technik beweist immer wieder den Erfolg dieser Versuche. Durch den
Einsatz computerunterstützter Untersuchungsme-
thoden gelingt immer wieder, ein Widerstandsnest
ausfindig zu machen und dort die Strömung zu beruhigen. Denn unerwünschtes turbulentes Strömungsverhalten bedeutet Widerstand, der Geschwindigkeit und Kraftstoff kostet sowie in der
kommerziellen Luftfahrt wertvolle Zeit.

Zu Beginn der Fliegerei, als man im Flugzeugbau
noch die Vögel zum Vorbild nahm, favorisierte man
die gewölbte Platte – ähnlich dem Vogelprofil. Diese
hat zwar gewisse aerodynamische Vorteile, ist jedoch aus Festigkeitsgründen in der Fliegerei nicht
verwendbar. Sie hätte man durch Verstrebungen
und Verspannungsdrähte stabilisieren müssen.
Diese aufwendige Technik, bei denen auch Klaviersaiten verwendet wurden, führte oft zu Defekten.

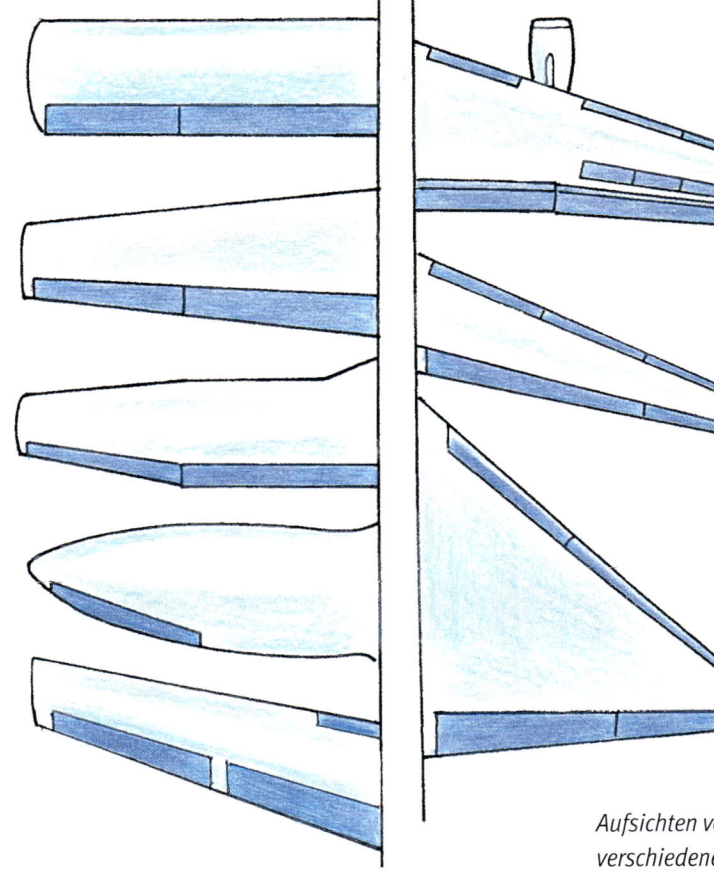

*Aufsichten von Tragflügeln
verschiedener Konstruktionsrichtungen: Die gefärbten
Flächen stellen die Quer-
ruder und „Spoiler", Landeklappen und Vorflügel dar.
Die Tragflächen mit starker
Pfeilung erlauben höhere
Geschwindigkeiten.*

*Die Boeing 707 ist eine
typische Variante der von vier
Strahltriebwerken angetrie-
benen Verkehrsflugzeuge.
Das Tragwerk weist eine
starke Pfeilung auf, ebenso
das Höhen- und das Seitenleitwerk. Auch nach Jahrzehnten hat sich an dieser Grundform kaum etwas geändert.*

Drei Jagdflugzeug-Generationen im Verbandsflug: Eine Kolbenmotor-Mustang P-51 aus den Vierzigern wird von einer F-15 Eagle der Siebziger (unten) und einer modernen F-22 der Neunzigerjahre (oben) flankiert. Hier wird deutlich erkennbar, dass die Idealform eines Kampfflugzeuges bereits vor Jahrzehnten erreicht war und nur noch im Detail weiter entwickelt wurde – auch zukünftige Kampfjets werden wohl sehr ähnlich aussehen.

Auch bei Kleinflugzeugen kristallisierte sich im Laufe der technischen Entwicklung eine Optimalform heraus. Komponenten, die aus Kunststoffen hergestellt werden können, ermöglichen neben einer deutlichen Gewichtseinsparung und Festigkeitssteigerung Widerstandsarmut und hohe Geschwindigkeiten.

Eine altbewährte, aber auch heute immer wieder angewandte Bauweise beruht auf der traditionellen Zusammensetzung aus Stahlrohrgerippe, Holz und Bespannstoff. Manche Leichtflugzeuge unterscheiden sich in der Grundkonstruktion nur unerheblich von ihren Urahnen.

Ein typischer, aber sicherer Repräsentant dieser Konstruktionen ist z. B. die Rumpler „Taube". Deren Flügelprofil war sehr dünn und durch mehrfache Verspannungen versteift. Die äußeren Flügelhinterkanten waren ebenfalls dünn und beweglich. Die hier eingesetzten Flügelrippen waren durch Bambusrohr auf- und abwärts flexibel und somit war durch die „Flügelverwindung" die Quersteuerung ermöglicht worden. Diese Form war zwar sehr widerstandsgünstig, aber das Material durfte bei ständiger Bewegung nicht ermüden.

Mit dem Aufkommen des freitragenden Flügels, dessen Struktur durch Holme und Rippen eine dickere Profilierung ergab, hielt auch der Metallbau Einzug in die Fliegerei. Doch außer dem leichten Aluminium verwendete man überwiegend Holz, das aerodynamisch günstige sphärisch gewölbte Bauteile ermöglichte. So bewegten sich manche kastenförmigen Flugzeugrümpfe weg in Richtung Keulenform, wie sie heute in Kunststoff hergestellt werden. In frühen Jahren wurden Flugzeuge versuchsweise sogar aus dünnem Stahlblech hergestellt. Die Tragflächen bestanden – wie prinzipiell auch noch gegenwärtig –

aus ein bis zwei Holmen, die am Rumpf angeschlossen sind. Der Hauptholm nutzt die größte Profildicke aus und verläuft zur Flügelspitze. Der Hinterholm – der etwas dünnere – ist vor dem Klappensystem untergebracht und ist mit dem Vorderholm durch Rippen verbunden. Davor geben die Nasenrippen dem Flügelvorderteil sein Profil. In Holzbauweise sind die Nase und der Bereich über beiden Holmen mit Sperrholz beplankt. Dadurch bildet sich ein stabiler und verdrehsteifer Kasten, der dennoch charakteristische Schwingungen zulässt. Im Falle eines Einzelholmes bildet dieser zusammen mit der Beplankung, die am Holm endet, eine verdrehsteife Röhre. Eine Stoffbespannung überzieht dann den Bereich in Richtung Flügelhinterkante bzw. Klappen.

Grundsätzlich findet dieses Bauprinzip auch in der Metall-Konstruktion Anwendung, ob nun der Flügel freitragend oder abgestrebt ist. Die Verarbeitung stellt hohe Anforderungen an Genauigkeit und vor allem „Profiltreue", das heißt, dass der entworfene Flügelquerschnitt nach Fertigstellung auch genau dem Design entspricht. Auf manchen Aufnahmen sind Dellen und Wellen in den Niethautfeldern gut erkennbar und zeugen vom Kräfteverlauf während des Fluges und im Ruhezustand. Da jetzt der freitragende Flügel sehr viel Hohlraum bot, konnten in Flügelwurzelnähe Kraftstoffbehälter untergebracht werden, später auch das einziehbare Fahrwerk. Die durch das „volle" Profil entstandene runde Flügelnase bot auch bessere Strömungsabriss-Eigen-

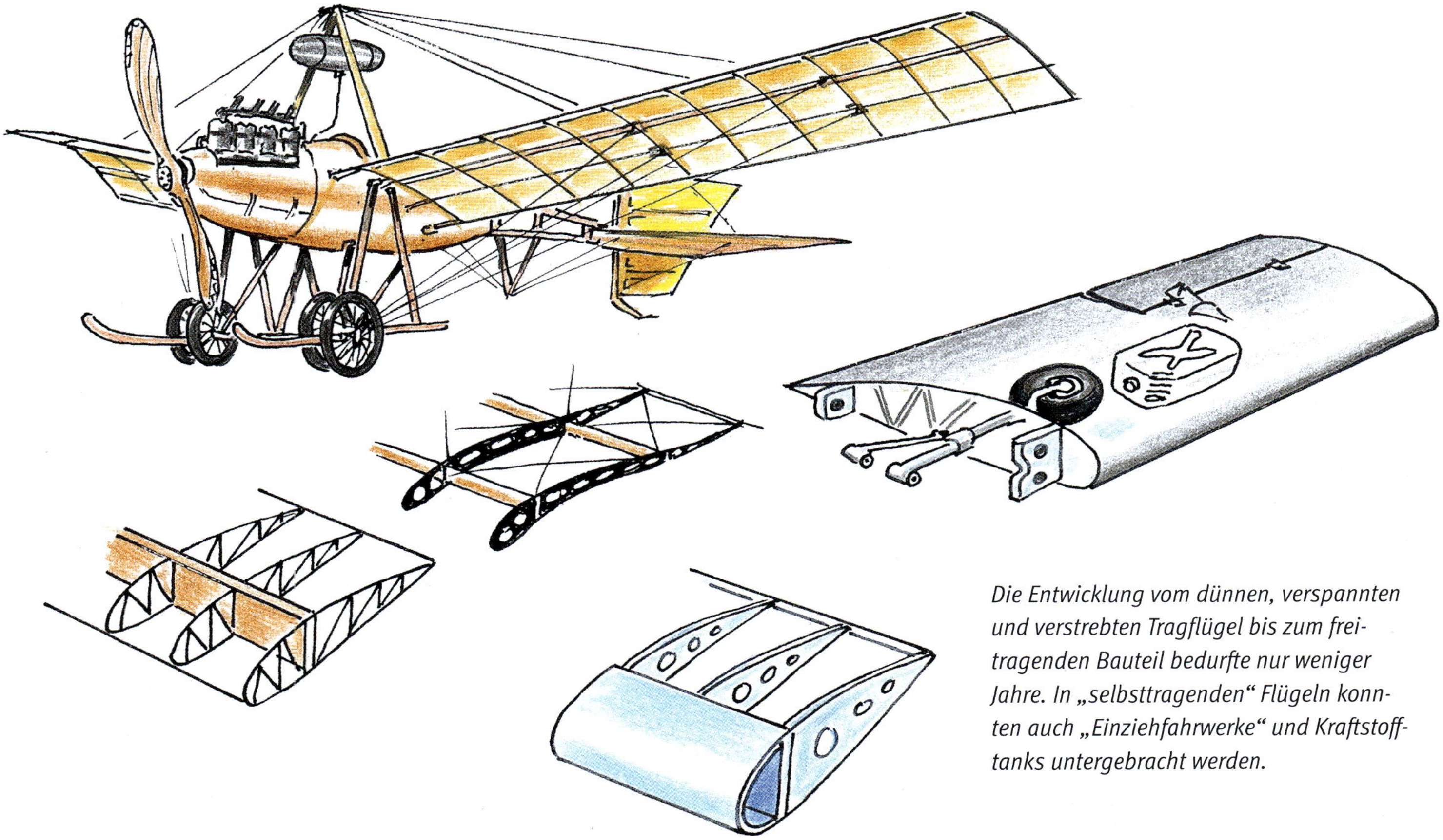

Die Entwicklung vom dünnen, verspannten und verstrebten Tragflügel bis zum freitragenden Bauteil bedurfte nur weniger Jahre. In „selbsttragenden" Flügeln konnten auch „Einziehfahrwerke" und Kraftstofftanks untergebracht werden.

Neue Materialien ermöglichen alte Entwürfe in neuer Form. Diese „Entenbauweise" wurde bereits in den Pionierjahren erprobt und tauchte in späteren Jahrzehnten wiederholt auf. Fliegerisch funktioniert sie nach bekannten aerodynamischen Prinzipien, sie wird aber nur in kleineren Exemplaren verwirklicht.

*Dieses als „Grunau Baby"
bekannte Segelflugzeug
verkörperte jahrzehnte-
lang die traditionelle Bauweise in der Segelfliegerei.
Es erfreute sich besonders
im Schulbetrieb großer Be-
liebtheit und wird auch
heute noch vereinzelt ge-
flogen. Die Herstellung
aus Holz und Bespann-
stoff ist einfach gehalten
und war damit auch taug-
lich für Vereinswerkstätten
mit einfachen handwerk-
lichen Fertigkeiten.*

schaften. Auffällig sind die recht großzügig dick dimensionierten Profile. Die nun relativ stabile Flügelstruktur konnte man nun nicht mehr wie bisher zur
Quersteuerung einfach verwinden, indem die äußeren Profilschwänze auf- oder abwärts gezogen wurden. Der neue Flügel erhielt bewegliche Ausschnitte
im äußeren Bereich, die jetzt die Aufgabe als „Ver-
windungsklappe" oder Querruder versahen. Auch
deren Form lehnte sich nur kurz an ihre Vorgänger an
und integrierte sich zunehmend in die gesamte Flü-
gelgeometrie. Die Querruder fallen heute nur noch
durch ihren Spalt zur Tragfläche hin auf.

Formen von Leitwerken

Das konventionelle Leitwerk dient der Steuerung von
Höhe und Richtung und sorgt zusätzlich für die Stabilisierung um die Hochachse und der Querachse

während des Fluges. Diese Funktion ist vergleichbar
mit jener an einem Wurfpfeil. Das Leitwerk entwickelte sich zu mehreren festen und beweglichen vertikalen und horizontalen Segmenten. Einige Flugmaschinen waren mit Leitwerksflächen weit vor dem
Tragwerk und dahinter ausgestattet, so zum Beispiel
der „Flyer" der Gebrüder Wright. Doch man rückte
von diesem Konzept ab und brachte die Leitwerkskomponenten am Rumpfende an. Ein solches Luftfahrzeug wird dann als Drachenflugzeug bezeichnet.
Teilweise findet man noch Höhenruder an der
Rumpfspitze moderner Flugzeuge, die unter der Bezeichnung „Entenflugzeug" bekannt sind. Das Leitwerk ist mit der erforderlichen Fläche versehen und
durch entsprechenden Abstand vom Bewegungs-
mittelpunkt des Flugzeugs mit dem erforderlichen
Hebelarm wirksam. Prinzipiell gleichen sich die
meisten Steuereinrichtungen, es gibt jedoch einige
konstruktive Unterschiede.

Eine häufig umgesetzte Form des sogenannten T-Leitwerks sieht man bei Flugzeugen, deren Triebwerke an den Seiten der hinteren Rumpfhälfte montiert sind. Diese Bauweise stellt sicher, dass die heißen Abgasstrahlen das Höhenleitwerk nicht beschädigen können.

Die meisten Flugzeugleitwerke funktionieren nach demselben Prinzip. Neben ihrer Aufgabe der Stabilisierung um die Hoch- und die Querachse integrieren sie die Ruderflächen, bei deren Ausschlag verändern sich die aerodynamischen Kräfte abhängig von der Steuerung.

Bei einem Durchschnittsgewicht von ca. 20 Tonnen und einer Leistung der beiden Mantelstromtriebwerke von je 8 Tonnen Standschub mit Nachbrenner erreicht die Boeing F-18 nahezu zweifache Schallgeschwindigkeit. Mit ihrem Klappensystem und den weit nach vorne gezogenen Flügel-Rumpf-Übergängen, den sog. „Strakes", besitzt das Flugzeug spektakuläre Wendigkeit. Die in Kabinennähe und an den Flügelenden entstehenden Wölkchen sind Kondensationserscheinungen der Luftfeuchtigkeit, die bei extremer Anstellung der Maschine auftreten.

Die Gestalt der Flugzeuge

Mit den Jahren haben sich bestimmte Konstruktionsrichtungen herauskristallisiert, die als Grundlage weiterführender Entwürfe dienen – wobei die Produkte verschiedener Herstellern oft kaum noch zu unterscheiden sind. In manchen speziellen Entwurfszweigen drängt sich auch der Eindruck einer nicht zufälligen Kopie auf. Die Ähnlichkeit der Flugzeuge – besonders auffallend im Verkehrsflugzeugbau – ist das Ergebnis hoch spezialisierter computergestützter Entwicklungen und der Versuche zur Leistungsoptimierung hinsichtlich Geschwindigkeitsspektrum, Gewichtseinsparung und Tragfähigkeit, Reichweite, Steuerbarkeit und Sicherheit. Durch die Entwicklung von hochfesten Kunststoffen sind die Gewichtseinsparung und die Reduzierung von Einzelteilen begünstigt worden.

Das sogenannte Drachenflugzeug besteht aus Rumpf mit Triebwerk und Leitwerk sowie Tragwerk. Überlebt hat aus früherer Ära in dieser Gruppe der Doppeldecker. Das Fahrwerk kann durch Bugrad- oder Spornrad ergänzt sein. Die Rumpfform oder dessen Querschnitt wird von der Triebwerksart weitgehend mitbestimmt. Die „Physiognomie" des Flugzeugs ist weitgehend geprägt vom Einbauort und der Verkleidung des Antriebes. So ist der Rumpfbug durch einen Sternmotor zu einer mächtigeren Front vorbestimmt als zum Beispiel durch einen schlanken Reihenmotor. Besteht dieser aus Zylindern in einer Reihe, erscheint der Übergang zum „restlichen" Rumpf problemlos und äußerst strömungsgünstig.

Diese Motortypen verdrängen weit weniger den Propellerstrahl als ein mächtiger Sternmotor. Dieser hält allerdings die widerstandsträchtigen Zylinder in gleichmäßigen Kühlbedingungen, während bei Reihenmotoren die Kühlluft zu diesem Zweck teilweise extra durch Bleche geführt werden muss, um gleiche Temperaturen zu ermöglichen. Im Kolbenmotorflugzeugbau der vergangenen Jahre hat sich der Boxermotor bei den bis zu Sechssitzern durchgesetzt. Diese Form beschreibt zwei sich gegenüber liegende Zylinderreihen, die auf einer Kurbelwelle arbeiten. Bei größeren Maschinen aufwärts wird eher der Einbau von Propellerturbinen favorisiert.

Die Flügelpaare

Das Tragwerk bestand in historischen Urzeiten der Fliegerei auch einmal aus unzähligen Tragflächen – übereinander und hintereinander. Doch selbst kräftigere Triebwerke hatten Mühe, ein solches Konstrukt in der Luft zu halten. Selbst das Flugzeug mit sechs Flügeln – der Dreidecker – setzte seine Kariere bald nicht mehr fort. Das Maximum an Flügelpaaren war mit dem Doppeldecker erreicht und wurde höchstens größenmäßig weiterentwickelt. Beim sogenannten Hochdecker können die durchgehenden einteiligen Tragflächen mit Abstand zum Rumpf darüber verstrebt sein, wobei die gesamte Flügelfläche ohne Beeinflussung durch den Rumpf aerodynamisch nutzbar ist. Die Verbindung wird hier durch Streben oder einen „Baldachin" hergestellt. Beim Schulterdecker setzen die Flügel am Kabinendach an, sie wachsen gewissermaßen aus der Schulter des Flugzeugs. Hier wird schon die Beeinflussung beim Rumpf-Flügel-Übergang bemerkbar, die man beim Mitteldecker auch zu unterdrücken versucht.

Die Rede ist hier vom Zusammentreffen dreier verschiedener Geschwindigkeiten, die hier während des Fluges den Interferenzwiderstand hervorrufen. Der aerodynamische Überdruck der Flügelunterseite, der Unterdruck der Oberseite und die Strömung des Propellerstrahls bilden an der Rumpfwand ein trichterförmiges Wirbelgebilde, das zu mi-

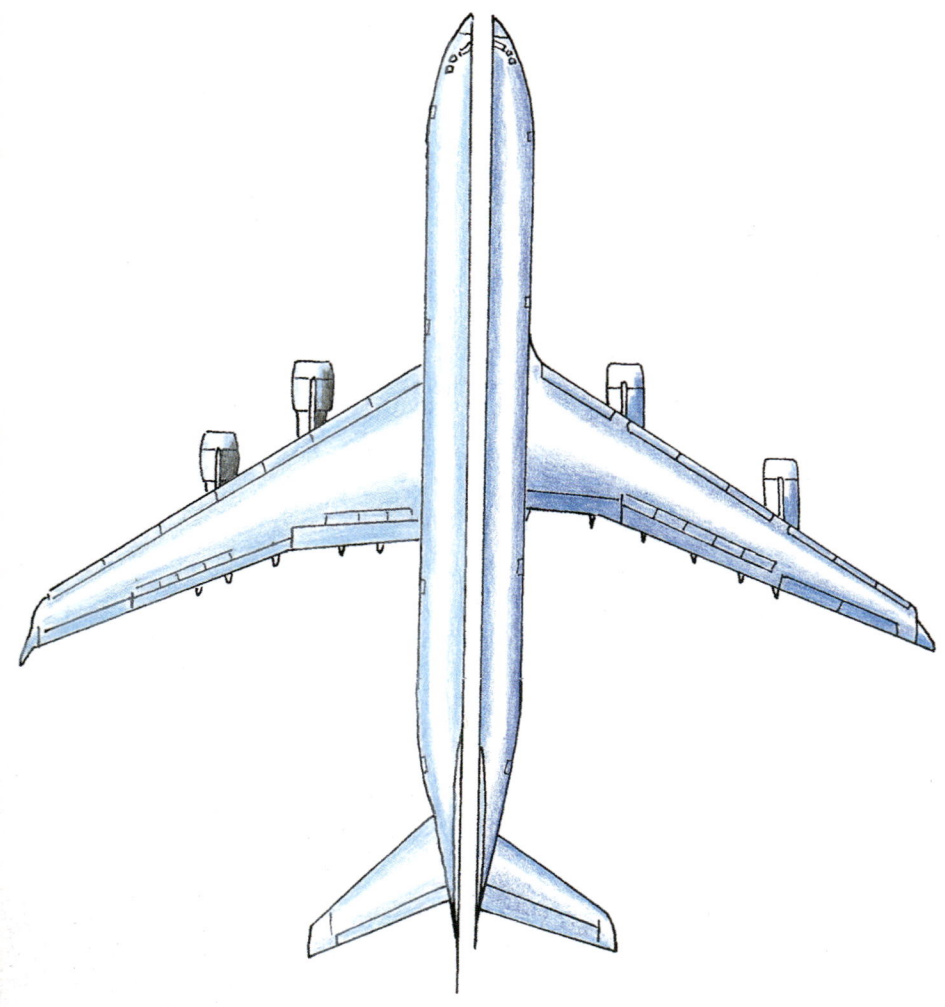

In manchen Fällen wurde durch Vorwärts- (negative) Pfeilung der Tragflächen und Zusammenschluss der Holme hinter der Kabine die Idee eines Mitteldeckers bei Passagierflugzeugen verwirklicht. Beispiel dafür ist die HFB-320. Auch manche Segelflugzeuge besitzen ein negativ gepfeiltes Tragwerk. Von Vorteil sind dabei der größere Schwerpunktbereich und die ungestörte Anströmung des Flügelaußenbereichs. Allerdings kann bei beginnendem Strömungsabriss in Flügelwurzelnähe ein schwanzlastiges Moment einsetzen.

fahrwerksschächte. Die Tragflächen der Flugzeuge sind sichtbar elastisch, deutlich zu erkennen bei Verkehrsflugzeugen während des Starts und bei der Landung. Hier zeigt sich der Grad der Durchbiegung nach oben und unten, die Flügelspitzen des stehenden Airliners befinden sich zunächst noch gut unterhalb des Horizonts, um dann unter Belastung im Flug bis auf etwa Kabinenhöhe anzusteigen. Diese Elastizität wurde in Prüfständen während der Entwicklung unter Extrembedingungen getestet und weist enorme Toleranz nach. Bekannt sind Aufnahmen von unglaublich biegsamen Flügeln auf der „Folterbank".

Der Einfluss der Turbulenzen, die gewaltige Ausmaße annehmen können, wird bei den Festigkeitsberechnungen berücksichtigt. Auch die Luftkräfte, die den Flügel in sich „verdrehen" wollen, müssen von der Struktur aufgenommen werden. Das heißt, bei einem nach hinten gepfeilten, langen Flügel wird dessen Profil im Außenbereich bei Durchbiegung nach oben gleichzeitig negativ verdreht. Im positiven Sinn kommt dies einer Schränkung gleich, wie sie bei geraden Tragflügeln fest konstruiert ist. Geht man von der These aus, dass der gepfeilte Flügel sehr „weich" ist, müsste man den Malus des weniger für Auftrieb eingestellten Flügelteils durch zusätzliche Anstellung des gesamten Flügels ausgleichen. Dies wird allerdings konstruktiv in der Struktur und durch die entsprechende Profilierung gelöst. Im Übrigen sind die Rümpfe der Großflugzeuge auch ganz leicht angestellt und tragen etwas zur Auftriebserzeugung bei – allerdings mit der Einschränkung, dass dadurch kein unwirtschaftlich hoher Widerstand entsteht.

Die Ähnlichkeit bestimmter Flugzeugentwürfe innerhalb aller Kategorien wird immer deutlicher. Während man früher die Entwürfe der Konkurrenz kopierte, wird die Aerodynamik heute von Computerprogrammen optimiert – die Ergebnisse sind oft nahezu austauschbar.

nimieren versucht wird z. B. mit aufwendiger Auskleidung. Beim Mitteldecker schließen die Tragflächen auf „Gürtellinie" des Rumpfes an. In der Realität ist diese Bauform eher selten und findet vor allem bei Militärjets Anwendung – sie eignet sich nicht für eine Passagierkabine, da der Flügelholm mitten durch diese hindurch oder konstruktiv herumgeführt werden müsste.

Absolute Priorität unter den Verkehrs- und auch Großraumflugzeugen hat der Tiefdecker, bei dessen Konstruktion die Unterseite der Flügel mit der Unterkante der Rumpfröhre bündig ist. In den manchmal wulstigen Verkleidungen der Rumpf-Flügel-Übergänge liegt auch der Bereich der Haupt-

Der Rumpf – die Karosserie des Flugzeugs

Man kennt die alten Luftfahrtbilder mit schutzbrillten und warm angezogenen Passagieren, als noch im offenen Rumpf geflogen wurde. Der „Kutscher vorn" wurde durch eine sportwagenähnliche Scheibe geschützt. Alles schien sich mit dem Luftwiderstand abgefunden zu haben.

Heute sind die meisten Rümpfe der größeren Flugzeuge in geschlossener Zylinderform hergestellt. Sie ist einfacher umzusetzen und behält die Kabineninnenmaße bezüglich Höhe und Breite gleichmäßig der Länge nach bei. Diese Form kommt der „Widerstandsflächenregel" entgegen, nach der ein im hohen Unterschall operierendes Flugzeug seine äußeren Querschnitte einschließlich sämtlicher Triebwerke, der Flügel und des Leitwerks der Längsachse entlang in einem Idealprofil vorweisen muss. Dennoch besitzen nur wenige Rümpfe die

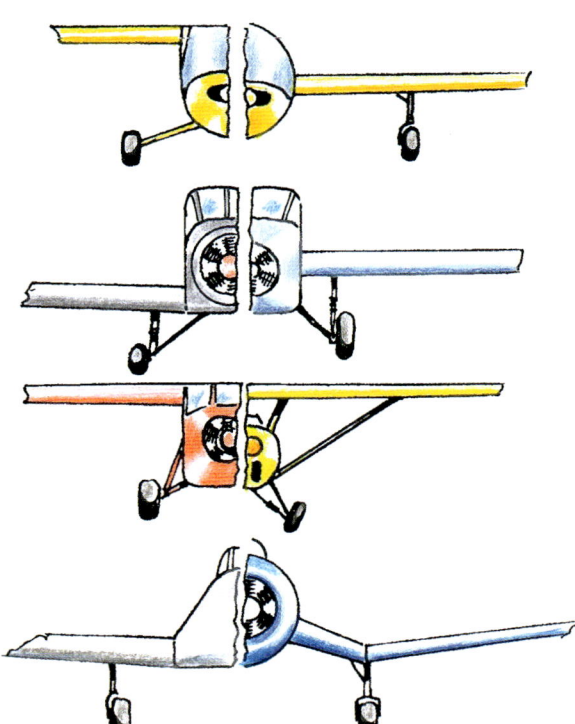

Unterschiedlichen Flügel-Rumpfanschlüsse: Strukturelle Ausführung und aerodynamische Einflüsse sind auch Resultate des geplanten Einsatzzwecks – Triebwerkseinbau, Zugänglichkeit der Kabine, Unterbringung der Passagiere und der Fracht, Sichtverhältnisse und sogar Struktur des Fahrwerks können Einflussfaktoren beim Entwurf sein.

Nicht nur der Rumpf muss starken Belastungen widerstehen. Seine Struktur äußert kaum sichtbar die jeweiligen Beanspruchungen. Die Flügel dagegen zeigen ihre Belastungen deutlich sichtbarer: Die Verformungen der Außenhaut und die damit verbundene Veränderung des entworfenen Flügelquerschnittes offenbaren die auftretenden Kräfte.

Zweimotorige Reise-maschine mit deutlicher Stromlinienform: Der Kabi-nensektor nimmt eine fast zylindrische Form ein, was der Ausführung einer Druckkabine für Flüge in größerer Höhe entgegen-kommt – auch erkennbar an den runden Kabinen-fenstern. In großen Flug-höhen arbeiten die Turbo-prop-Triebwerke wirtschaft-licher als Kolbenmotoren.

vollkommene Stromlinienform, bei der dann ein Ver-hältnis von Länge zum Durchmesser – dem „Dicken-verhältnis" – beachtet wird. Das Heck ist aufwärts verjüngt. Dadurch wird für das Aufrichten des Flug-zeugs beim Abheben während des Starts und beim Ausschweben vor dem Aufsetzen zur Landung Bo-denfreiheit für die Rumpfunterseite gesichert.

Die „kleineren" Exemplare der fliegerischen Frühzeit entstanden meist in einer Gemischtbau-weise, bei der Metall, Holz und Stoffe verwendet wurden. Rümpfe hatten häufig ein Stahlrohrgerüst, das entweder mit Leinwand bespannt wurde oder auf dem formgebende Leisten angesetzt waren, die mit dem Stoffüberzug eine aerodynamisch besser vertretbare Form schufen. Eine später weit verbrei-tete Methode der Gestaltung des Rumpfes ist die Halbschalenbauweise in Holz wie auch Metall, bei der senkrecht getrennt gefertigte Schalen mit Steu-ergestängen zusammengefügt sind. Bereiche, die höherer Temperatur ausgesetzt war, verkleidete man mit Blechen, z. B. hinter dem Triebwerk. Die Motorverkleidung bestand aus arbeitsreich verform-ten Aluminiumabschnitten.

Zweisitzige Flugzeuge bieten entweder Tandem-cockpits oder Side-by-side-Kabinen. Sitzen Flug-lehrer und Schüler nebeneinander, so wird ein Großteil der Instrumentierung gespart. Außerdem ist die optische Kommunikation besser, der Lehrer

erkennt manche Unzulänglichkeiten früher und kann angemessener korrigieren oder falls nötig eingreifen. Eine Tandemkabine „trennt" die Besat-zung nicht nur optisch, sondern lässt den hinten sitzenden Lehrer den Schüler nicht genau „auf die Finger schauen". Die Rumpfquerschnitte solcher Maschinen sind jedoch widerstandsärmer. Dieser Entwurf wird hauptsächlich für Trainingsflugzeuge verwendet. Gerade bei leichteren Flugzeugen mit solchen Kabinen ist der Pilot mit seinen Geräten auf dem hinteren Sitz platziert, da sonst die Ma-schine zu kopflastig werden könnte. Dies bedeutet teilweise Einschränkung der Sicht, lästig auch während des Rollvorganges am Boden. Doch das Sichtfeld kann auch bei nebeneinander unterge-brachten Piloten, etwa bei Schulterdeckern wäh-rend des Kurvens stark reduziert sein. So wird mit-unter in Schlangenlinien zur Startbahn gekurvt um dem Piloten zumindest zeitweise freie Sicht auf das Rollfeld zu geben.

Das Leitwerk

Ob groß oder klein: alle Flugzeuge müssen um ihre drei Bewegungsachsen steuerbar sein. Lilienthal kontrollierte seine Gleiter durch Schwerpunktverla-gerung und nach jahrzehntelanger Pause entdeckt man auch heute immer wieder gewichtsgesteuerte Drachen – bei größerem Fluggerät undenkbar!

Das Seitenleitwerk, auch eine Art „Aushängeschild" des Flugzeugs, ist bei kleineren Maschinen oft der vertikale Rumpfabschluss. Bei Airlinern sitzt dieser Bauteil auf dem Heckkonus. Die mehrere Meter messenden Seitenrudersegmente sind meist geteilt, um Biegemomente abzuleiten. Das aus zwei Hälften bestehende Höhenleitwerk kann auf verschiedenen Höhen am Rumpf montiert sein. Die vordere Hälfte dieses Leitwerks – die Höhenflosse – kann durchgehend verlaufen und auf dem Seitenleitwerk montiert sein, als so bezeichnetes T-Leitwerk erkennbar. Auch beiderseits auf halber Höhe am Seitenleitwerk angebrachte Höhenleitwerksflächen gehören zu mancher „Firmentradition", jedoch sind die „Elevators" zunehmend nach „oben gewandert", wo sie ungestörter Strömung ausgesetzt sind und bei

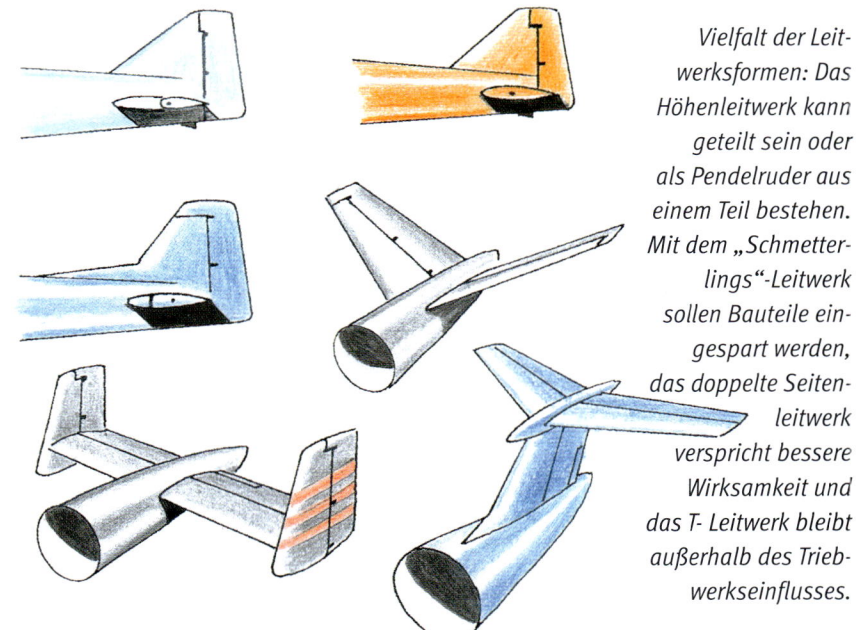

Vielfalt der Leitwerksformen: Das Höhenleitwerk kann geteilt sein oder als Pendelruder aus einem Teil bestehen. Mit dem „Schmetterlings"-Leitwerk sollen Bauteile eingespart werden, das doppelte Seitenleitwerk verspricht bessere Wirksamkeit und das T-Leitwerk bleibt außerhalb des Triebwerkseinflusses.

Dieser Leitwerksentwurf hat sich bei Kleinflugzeugen durchgesetzt. Man verlässt sich auf Sicherheit der einfachen Bauweise und gute Ansprache auch bei niederen Geschwindigkeiten. Zusätzlich liegen die Ruder im Einflussbereich des Propellerstrahls, was die Reaktion verstärkt. Bei manchen Flugzeugen können die Seitenruder in den „Windschatten" des Rumpfrückens geraten, wenn die Maschine stark angestellt wird. Dadurch schwächt sich die Wirksamkeit ab.

Diese Position des Höhenleitwerks wird vom Einbauort der Triebwerke mitbestimmt. Die Strömungsverhältnisse hinter den Tragflächen, Abgasstrahl und Stabilität um die Querachse sind dabei von Bedeutung. Zur Verbesserung der Richtungsstabilität wird oft die Vorderkante der Seitenflosse auf dem Rumpfrücken verlängert.

hoher Anstellung des Flugzeugs gut ansprechen. Die Position des Höhenleitwerks wird oft vom Einbauort der Triebwerke bestimmt, auch die Montagehöhe des Tragwerkes und dessen nachfolgende Strömung spielt eine Rolle. Wenn beiderseits des Hecks Triebwerke arbeiten, muss deren Abgasstrahl genügend höhenversetzt sein, um Hitzeeinwirkung und Vibration zu vermeiden. Bei den meisten Flugzeugen der höheren Geschwindigkeitsklasse sind die Höhen- und Seitenleitwerke gepfeilt, oft in etwa gleichem Winkel wie das Tragwerk. Die Leitwerkskonstruktionen durchliefen – wie andere Baugruppen – höchst interessante Wandlungen in Form und Wirkung, die leider oft in Sackgassen endeten. Darunter fiel auch jene Variante eines an sich damals modernen Flugzeugs, die ein Höhenleitwerk am Rumpfbug und ein Seitenleitwerk am Heck besaß.

Frühe Leitwerkskonstruktionen

Manche der ersten Verkehrsflugzeuge fielen durch eine mehrfache Anordnung von Höhen- und Seitenleitwerken auf, die horizontalen Flächen waren in Doppeldeckerform und die vier vertikalen Komponenten dazwischen in Kastenform verbunden. Damit vermied man eine noch größere Spannweite des Höhenleitwerks sowie ein allzu umfangreiches Seitenleitwerk. Neben den reinen aerodynamisch wirksamen und auf Lenkungszweck gestutzten Leitwerksflächen erschienen zuweilen exotisch anmutende Ausführungen, die nachträglich durch Umgestaltung des Rumpfes wegen dessen Nutzungsänderung vergrößert werden mussten. Dazu zählen nach vorne verlängerte, vertikale Seitenflossen, die vom Rumpfrücken aus in das Seitenleitwerk übergehen. Sie verbessern die Richtungsstabilität. Auch an der Rumpfunterseite in Hecknähe findet man senkrechte feste Stabilisierungsflächen, manchmal sogar in doppelter Ausführung, weil eine einzelne bei Start und Landung zu weit nach unten ragen würde.

Das sogenannte Endscheibenleitwerk ist aus dem „Mittelalter" der Luftfahrt nicht wegzudenken. Besonders bei zweimotorigen Propellermaschinen setzte man an den äußeren Enden des Höhenleitwerks je ein Seitenleitwerk an. So agieren diese im Luftschraubenstrahl und unterstützen die Steuerbarkeit auch im Einmotorenflug. Bei der dreimotorigen Ju-52 ist dieses Problem gelöst, indem die Propellerachsen der beiden Tragflächenmotoren (Nr. 1 und Nr. 3) schräg nach außen zeigen und so direkt das Seitenleitwerk anblasen. Auch heute noch findet man mehrfache vertikale Leitwerksflächen dort, wo Gierschwingungen (um die Hochachse) unterdrückt werden müssen.

Das dreifache Seitenleitwerk der Lockheed „Super Constellation" bewährte sich als optimale Leitwerkskonfiguration bei der Richtungskontrolle viermotoriger Airliner. Der Abstand der Triebwerke vom Rumpf bzw. ihre Hebelwirkung an der Hochachse plus Beaufschlagung des Luftschraubenstrahls am Leitwerk bleiben wohl in ständiger Wechselwirkung bei der Suche nach Kompromissen, die auch im modernen Flugzeugbau geschlossen werden müssen.

Wirkung der Leitwerksteile

Die flügelähnlichen Leitwerksteile bestehen meist aus der vorderen Flosse und dem hinteren Ruder, welches etwa 40 % der gesamten Fläche ausmacht. Beide Teile bilden in der Mehrzahl ein Profil. Durch den Ausschlag des beweglichen Ruders wird das Gesamtprofil gewölbt und bildet in diese Richtung eine Kraft. Wird z. B. das Höhenruder gezogen, bewegt man das Rudersegment aufwärts, die Kraft des gewölbten Profils wirkt abwärts und stellt das Flugzeug um die Querachse an, der Tragflügel erhält einen größeren Anstellwinkel – der Auftrieb nimmt zu, das Flugzeug beginnt zu steigen. Die mit einer Flosse versehenen Ruder werden auch als „gedämpfte" Ruder bezeichnet, da die Ansprache sanfter einsetzt.

Höhenruder können auch als Pendelhöhenruder, eine einteilige Fläche um eine horizontale Achse, die im Rumpfheck einsteckt, ausgebildet sein. Sie zeigen jedoch sehr direkte Reaktionen, da sie nicht gedämpft sind. Das Profilende ist manchmal als Teilruder ausgebildet und bringt seiner-

seits durch Ausschlag das gesamte Ruder um die Drehachse mehr oder weniger in positiven oder negativen Einstellwinkel. Je weiter vorne die Ruderachse im Höhenruderprofil gelagert ist, desto mehr wird auch hier eine dämpfende Wirkung erzielt. Es existieren Pendelhöhenruder, deren Profilnase Schlitze aufweist und im stark gezogenen Zustand hier durch eine beschleunigte Durchströmung einen Strömungsabriss verhindert – vergleichbar mit dem Vorflügel der Tragfläche.

Die Entwürfe der Leitwerke sind kaum zählbar und nur grob zu klassifizieren. Die Wirkung der einzelnen Ruder muss auch dem Verwendungsbereich des Flugzeugs, also seinem Charakter entsprechen. Von einem Verkehrsflugzeug fordert man keine ruckartigen und von einem Akrobatikflugzeug keine „gutmütigen" Steuerreaktionen. Es muss eine angemessene Kontrolle der Flugzustände über das gesamte Fahrtspektrum garantiert sein. Bei Schul- und Kleinflugzeugen darf die Kraft zur Betätigung nicht die physischen Kräfte der Besatzungen überfordern.

Die Triebwerke dieses Airbus A-340 sind in deutlichem Abstand zueinander angebracht. Dadurch werden statische Belastungen während des Fluges vorteilhafter verteilt. Im Falle einer Beschädigung bleiben die Nachbartriebwerke unbehelligt und bei Ausfall eines Antriebs gleicht der Schub der verbleibenden Triebwerke die Schubdifferenzen besser aus.

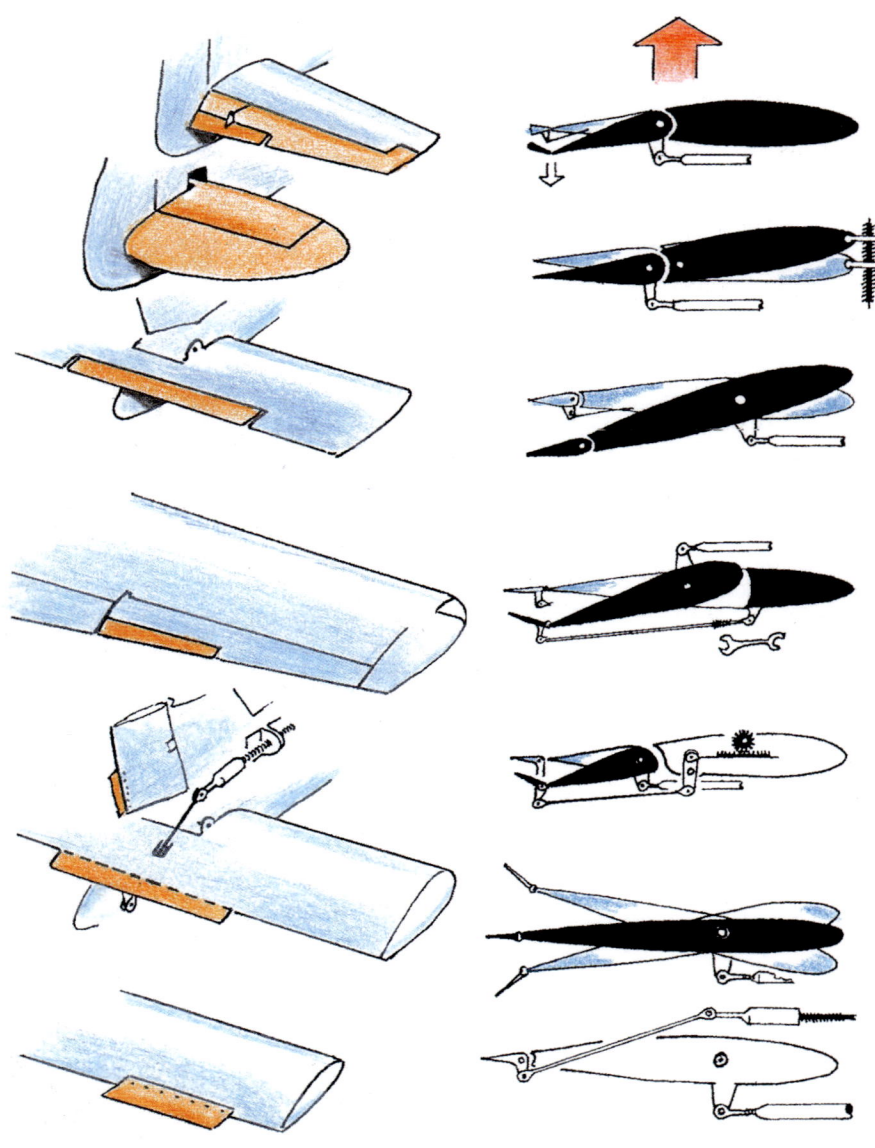

Die Ruderansprache soll spontan und nicht zu sensibel sein. Eine allzu träge Reaktion ist ebenfalls unerwünscht. Generell sollen die Leitwerksbauteile, besonders die Ruder, nicht im Wirbelschatten oder „Totwasser" davor befindlicher Komponenten operieren, da sie sonst wirkungslos und erst bei größeren Ausschlägen reagieren können.

Hilfsmittel für bessere Ruderwirkung

Zur Verbesserung der Strömungsverhältnisse an den Rudern können davor angebrachte „Turbulenzgeneratoren" beitragen, die aus einfachen, schräg vor dem Ruder aufgesetzten Blechwinkeln bestehen. Die „beabsichtigte" Turbulenz beaufschlagt anschließend die Ruderfläche und versorgt es mit energiereicherer Strömung. Es gibt unzählige aerodynamische Kunstgriffe zur Verbesserung der Ruderwirkung. Die Aufzählung aller möglichen Leitwerkskonfigurationen ist nur grob. Es werden bei näherer Betrachtung auch Unterschiede deutlich, was den Antrieb und die Übertragung der Steuerimpulse betrifft.

Bei vielen Flugzeugen der leichten Klassen, welche noch richtig „von Hand" gesteuert werden, stellt man verschiedene Ausschnitte und Segmente in den einzelnen Leitwerksteilen fest. Die Leitwerksflossen sind teilweise außen gekürzt oder ausgeschnitten. In diese Lücken ragen dann Teile des Ruders hinein, also auf der anderen Seite der Ruderachse. Bei Betätigung des Ruders schlägt die Ruderausgleichsfläche zur anderen Seite aus und unterstützt den Ruderausschlag. Somit hält sich der Kraftaufwand in Grenzen. Diese Ruderausgleiche sind in vielen Formen möglich und auch noch bei älteren mehrmotorigen Propellermaschinen auffällig, wo die Ruderdrücke besonders ausgeprägt sein konnten. In den Ausgleichshörnern waren auch Ausgleichsgewichte untergebracht für den statischen Ruderausgleich der Höhenruder, im Seitenruder zur Schwingungsdämpfung.

Eine andere Möglichkeit zur Kraftunterstützung der Steuerung besteht durch schmale Hilfsruder, die an der Hinterkante des Ruders angelenkt sind und mit einer Stoßstange mit einem Festpunkt am Ruder verbunden sind. Bei Betätigung des Hauptruders

In vielen Rudern sind kleine Flächen integriert, die als sogenannte Hilfsruder die Kräfte unterstützen, die der Pilot aufwenden muss, um die gesamte Ruderfläche angemessen zu bewegen. Neben dem statischen und dem aerodynamischen Ausgleich wirken z. B. die „Flettner-Ruder" an der Leitwerkshinterkante mit einem bestimmten Hebelarm durch ihren Ausschlag. Dieser bewirkt erst den Ausschlag der eigentlichen Ruderfläche.

schlägt das als „Flettner-Ruder" bekannte Profil-
stück in Gegenrichtung aus und verstärkt die Ruder-
kraft. Das Gesamtprofil wird hierdurch in die beabsichtigte Richtung gewölbt. Diese Hilfsruder können
an sämtlichen Rudern des Leitwerks sowie an den
Querrudern angebracht werden. Sie finden auch
heute noch Anwendung, wo keine Kraftverstärkung
wie z. B. durch eine Hydraulikanlage verfügbar ist.

An den Hinterkanten der Ruder fallen kleine
Ausschnitte auf, die außer ihrer Aufgabe als Kraft-
verstärker die Ruderdrücke in jedem Flugzustand
neutralisieren und die Steuerung erleichtern.
Diese Trimmruder können kombiniert zugleich als
Flettner-Ruder wirken. Sie werden vom Cockpit aus
verstellt und bedeuten eine große Entlastung während des Fluges. Auf alten Aufnahmen sind sehr
großflächige Hilfsruder erkennbar, die über Stan-
gen mit einem langen Hebelarm auf die Ruder zu-
greifen. Bei den Großflugzeugen heutiger Genera-
tion ist der Spalt im Leitwerkteil fast übersehbar
und Kraftunterstützung und Trimmung sind hier
„unter Putz" gelegt.

Wichtige Leitwerksformen

Auch bei den Leitwerken gibt es von der „Norm"
stark abweichende Varianten. Eine davon besteht
aus nur zwei Flossen mit Ruder. Diese als Schmetter-
lingsleitwerk bezeichneten Höhen- und Seitensteuer stehen am Heck in V-Form auseinander. Damit spart man den Luftwiderstand eines Leitwerk-

*Oben: Zur Verbesserung der Ruderansprache sitzen
Turbulenzgeneratoren vor der Ruderachse. Diese kleinen, auf der Flügelhaut aufgesetzten Blechwinkel erzeugen eine künstliche Turbulenz. Sie bewirken, dass
Strömung zur Profilform zurückkehrt und dort besser
anliegt.*

*Rechts: Eine ganz konventionelle Steuerungsanlage
zeichnet dieses Flugzeug aus. Die Handhabung ist einfach und besonders für Flugschüler geeignet. Deutlich
sind der lange Hebelarm des Leitwerks und die sehr
große Dimensionierung des Seitenleitwerks am Rumpfende erkennbar.*

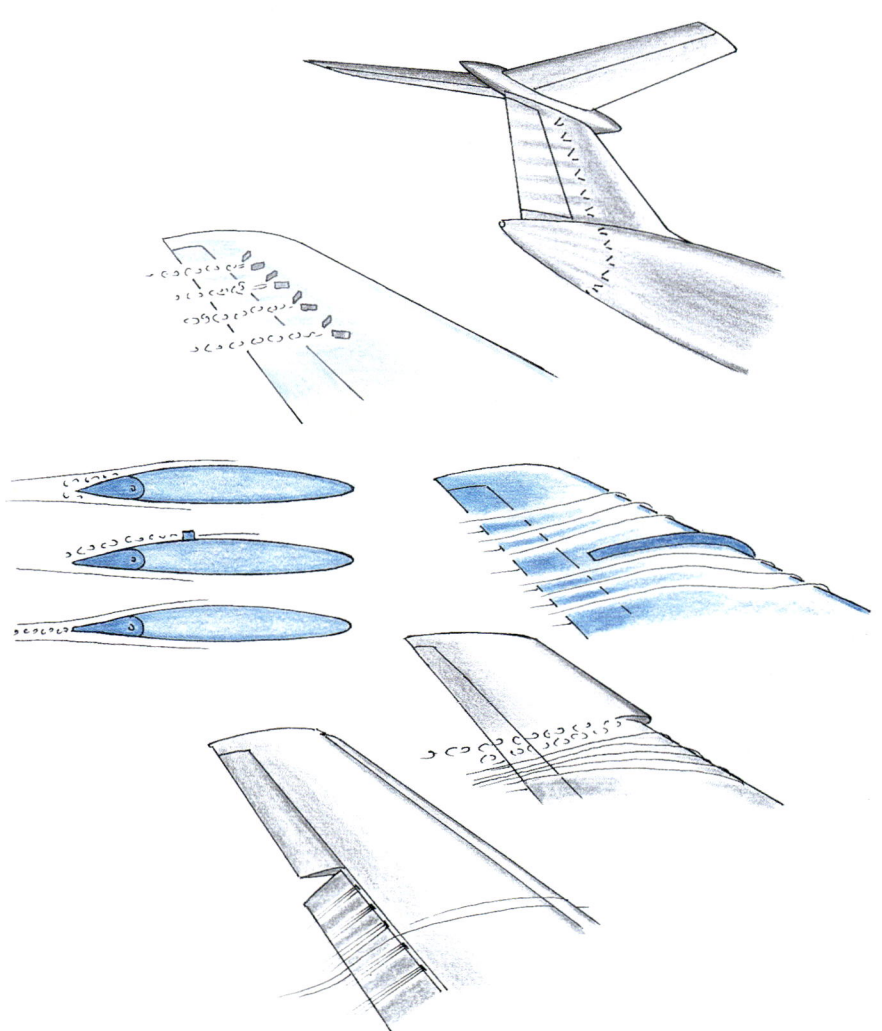

Die kompakte Bauweise dieses Kunstflug-Doppeldeckers aus amerikanischer Fertigung erinnert an Flugzeuge der Dreißigerjahre – gebaut mit der Technologie von heute. Solche Maschinen erfordern fliegerisches Können, speziell bei der Landung. Landegeschwindigkeit, Sichtverhältnisse und Dreipunktlage beim Aufsetzen sind Kriterien, die es zu bewältigen gibt.

*Besonders im Langsam-
flug sind sehr behutsame
Ruderbetätigung und
angemessene Ruderfolg-
samkeit gefordert. Bei der
Einwirkung von Böen
müssen die Ruder auch
spontan ansprechen, ohne
dabei zur Überempfind-
lichkeit zu neigen. Mit
entsprechenden aerodyna-
mischen Ruderunterstüt-
zungen ist eine Hydrau-
likanlage dennoch ver-
zichtbar.*

teils und dessen Gewicht sowie konstruktiven Aufwand. Die kombinierten Steuereingaben werden
über einen Mischhebel entsprechend weitergeführt.
Die Flächen müssen vergrößert sein, damit die Stabilität der Fluglage nicht beeinträchtigt wird.

Selbst ringförmige Leitwerke wurden schon erprobt. Dieser Ring umschloss auch einen Druckpropeller am Heck, wodurch diese integrierte Luftschraube eine höhere Leistung erzielte und die ringförmigen Ruderausschnitte sich in gesunder
Strömung bewegten.

Das sogenannte Kreuzleitwerk fand nur in Aus-
nahmekonstruktionen Anwendung. Anstelle größerer vertikaler Flächen am Heck wurde das Seitenleitwerk nach unten weitergeführt. Dies ergab wenig
Bodenfreiheit und in manchen Fällen wurde für Start
und Landung wie die Bauchflosse einiger anderer
Flugzeuge das Leitwerksteil in die Horizontale ge-
klappt. Meistens dient diese zusätzliche Flosse der
Verbesserung der Richtungsstabilität, die in bestimmten Geschwindigkeitsbereichen ungenügend
sein kann.

Doch auch Gegenteiliges wird in der Luftfahrt erprobt. Ein Experimentierflugzeug fliegt ohne Höhenleitwerk, wobei dessen Funktion von der schwenkba-
ren Abgasdüse des Jet-Triebwerks übernommen wird.

Diese Schubvektorsteuerung ermöglicht spektakuläre Fluglageänderungen und Manöver. Die Ultima-
tivlösung sieht den vollen Verzicht auf Leitwerksflächen am Heck vor. Diese Vorstellung erinnert ein wenig an den auf einem Finger balancierten Besen. Bei
Triebwerksversagen muss dann wohl auf das ganze
Flugzeug verzichtet werden. Bei Ausfall irgendeines
Ruders beim „normal" entworfenen Drachenflugzeug besteht immer noch die Möglichkeit, über Trimmung und Momente der noch verfügbaren Ruder sowie mit Änderung der Triebwerksleistung die Fluglage zu kontrollieren und sogar sicher zu landen.

Der Antrieb

Bei einmotorigen Exemplaren ist das Triebwerk meist
an der Rumpfspitze untergebracht. Dieser Anblick ist
so alltäglich geworden, dass die Anbringung des An-
triebsaggregats in anderer Position als außerge-
wöhnlich gilt. So bergen Amphibienflugzeuge den
Antrieb hinter der Tragflächenhinterkante oder auf
einem Baldachin über dem Flügel, um den Propeller
und Ansaugöffnungen vor Spritzwasser zu schützen.
Die Triebwerke der einmotorigen landgestützten Maschinen müssen dem Propeller genügend Bodenfrei-

Drei Generationen Triebwerkstechnik:
Die zweimotorige P-38 wird von Kolbentriebwerken
in Reihenbauweise angetrieben, während die
F-86 ein Axialturbinentriebwerk vorantreibt und
die F-22 von zwei Mantelstromtriebwerken auf fast
2.000 km/h beschleunigt werden kann.

heit bieten, welche die meisten modernen Exemplare durch ein Bugrad absichern. Eine Zeitlang gab es – auch bei mehrmotorigen und schwereren Flugzeugen – nur das Spornrad am Heck. Die Propeller rotierten dann zwar höher über Grund, aber diese Fahrwerkskonstruktion verlangt mehr fliegerisches Geschick als ein Bugradfahrwerk.

Die Triebwerke der eher kleineren Zweimotorigen agieren überwiegend vor dem Flügel, wobei auch beide dem Luftschraubenstrahl jeweils Freiraum dem Boden gegenüber geben müssen. Der Propellerstrahl beaufschlagt bei vielen Zweimotorigen das Höhenleitwerk, welches dadurch besser anspricht. Turbinengetriebene Flugzeuge müssen zunächst beschleunigen, bis genügend Fahrt am Leitwerk anliegt und dieses dann anspricht. Bei Propellerantrieb spricht ein „angeblasenes" Leitwerk früher an.

Je kleiner die Flügelfläche bei gegebenem Fluggewicht ist, desto mehr muss die Geschwindigkeit erhöht oder der Anstellwinkel vergrößert werden. Hohe Geschwindigkeiten erfordern eine höhere Triebwerksleistung. Das Flügelprofil muss entsprechend widerstandsarm sein und für den Langsamflug Veränderbarkeit bieten in Form von Klappensystemen.

Flugzeuge mit „umgedrehten" Triebwerken, bei denen die Luftschrauben als Druckpropeller agieren, sind seltener, obwohl diese Anordnung aufgrund des freien Abstrahls des Propellers mehr Vorwärtsschub liefert. Tiefdecker mit auf den Tragflächen montierten Turbinentriebwerken wie etwa die VFW 614 sowie Schulterdecker mit unter den Flügeln hängenden Antrieben wie bei Bae-146, C-17, Il-76 und in zweiturbiniger Ausführung wie bei Do-328 und An-148 erweitern das Spektrum der Entwürfe.

Viermotorige Transporter mit Propellerantrieb sind ebenfalls oft als Schulterdecker ausgeführt. Hier ist meist das Einsatzspektrum Grundlage der Entwurfsphilosophie. Die Triebwerke der „alltäglichen" Airliner sind an Pylonen mit den Tragflächen verbunden. Dies erleichtert die Wartung und sichert bei größeren Triebwerksproblemen einen Sicherheitsabstand zu den Tragflächen. Außerdem fließt der Kraftstoff aus den Tragflächentanks abwärts leichter zur Versorgung der Turbinen. Einige Konstruktionen tragen die Triebwerke je beiderseits des

Rumpfhecks, in dreimotoriger Version brachte man ein weiteres im Seitenleitwerk unter. Dahinter steckt die Absicht, den „sauberen" Tragflügel beizubehalten. Somit ist die Flügelstruktur nicht durch Triebwerksaufhängungen verändert, wobei auch die Klappensysteme in diesem Bereich unterbrochen wären, und wird ungestörter Strömung ausgesetzt. So tragen auch viele Business-Jets in „Micky-Maus-Manier" ihre Triebwerke beiderseits der hinteren Rumpfhälfte. Im Bereich des Personentransports mit höherer Passagierzahl im Luftverkehr hat sich die Entwurfsphilosophie des Tiefdeckers durchgesetzt, an dessen Pfeilflügel zwei oder vier Triebwerke aufgehängt sind.

Unzählige Bauweisen

Prinzipiell sind alle Flugzeuge nach ähnlichen Kriterien aufgebaut. Die Struktur teilt sich nicht streng in tragende und formgebende Abschnitte, sondern kombiniert oft mithilfe der modernen Herstellungstechniken Festigkeit und aerodynamische Gestaltung. Wo früher noch die Flügelkonstruktion aus Holmen, Rippen, Beplankung und Stoffbespannung einschließlich sämtlicher Befestigungsbeschläge bestand, wird jetzt häufig ein Hohlkörper aus Glas- und Karbonfaser, durch Kunstharz gefestigt und durch Schaumstoffkerne gestützt, als Flügel mit hoher aerodynamischer Güte, als Rumpf und Leitwerk verwendet. Innerhalb eines tragenden Bauteils sind die Hohlräume teilweise für Kraftstofftanks genutzt. Der Begriff des „nassen Flügels" bezeichnet die Unterbringung des Sprits direkt im Profil, wobei die Flügelhaut gleichzeitig Behälter ist. Hierzu können allerdings nur besondere Sektionen genutzt werden.

Modell- und Segelflieger kennen die aufwendigen „Bastelstunden", in denen in mühsamer Kleinarbeit ein Flugzeug entsteht. Die vorherrschenden Materialien waren Holz, Metall und Bespannstoff. Die heutigen Entstehungstechniken erfordern überwiegend industrielle Herstellung, wobei viele Bauteile in Formen gegossen werden. Selbst bei Eigenbauexemplaren sind einige Baugruppen industriell vorgefertigt, der Rest „darf" dann nach den Richtlinien des Experimental-Schemas weitergebaut und unter behördlicher Aufsicht vollendet werden.

Die modernen Herstellungsmöglichkeiten erlauben eine Erweiterung des Geschwindigkeitsbereichs der kleineren Flugzeuge auf über 200 km/h. Wenn in der Luftfahrt-Frühzeit das Erreichen von 100 km/h eine Rekordmarke war und viel Aufwand erforderte, muss heute diese Marke schon als Untergrenze des fliegbaren Bereichs für leichte Motorflugzeuge beachtet werden. Selbst der Landeanflug darf mit manchen Maschinen nicht langsamer erfolgen.

Die Luft als Traghilfe

Man braucht nicht viel Phantasie, um sich die Kraft des Windes vorzustellen und täglich werden viele Beispiele geliefert, wozu die Luftmasse fähig ist. Ob sich dieses Medium um einen festgehaltenen Körper herum oder an ihm entlang bewegt oder ob man diesen in der ruhenden Luftmasse bewegt – das

Strömungsbild und die Kraftentwicklung sind gleich. Hält man einen Gegenstand im Wind oder eine Hand aus dem fahrenden Auto, erfährt man die Kraft, die sich dabei entwickelt und bei veränderter Anstellung der Handfläche auch die Auftriebs- und Widerstandsrichtung.

Nichts anderes geschieht mit einer Tragfläche! Bei genügend Fahrt und Anstellwinkel fliegt sie. Der Querschnitt eines Flügels, das Profil, musste in langen Versuchsreihen in Windkanälen zu dem jeweiligen Flugzeugtyp entwickelt werden, heute wird es

Die Entwicklung von Holz und Stoff über Metall bis zur Komposit-Bauweise: Mit dem Fortschritt bei der Entwicklung fester und leichter Materialien wurden auch Herstellungsmöglichkeiten eröffnet, mit denen günstigere Formen hinsichtlich aerodynamischer Leistung und Widerstandsarmut verwirklicht werden konnten.

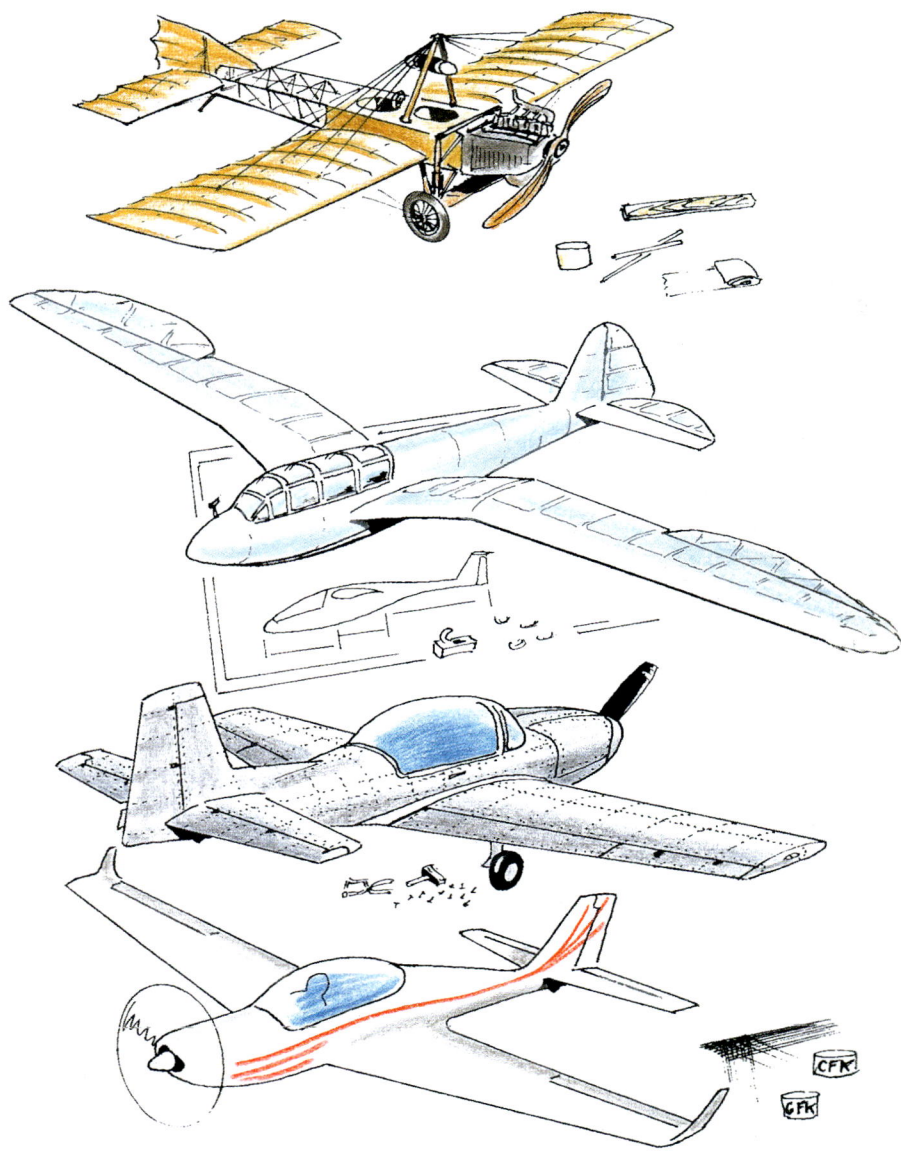

computerunterstützt entworfen. Es soll hohe Geschwindigkeit ermöglichen, also wenig Widerstand bieten, es muss ausreichend Auftrieb erzeugen, also große Tragkraft entwickeln und im unteren Part des Geschwindigkeitsspektrums – wie während des Starts und der Landung – gutmütige Langsamflugeigenschaften garantieren.

Ein kleiner Einblick in die Profilkunde zeigt die Vielfalt der Formen und Dimensionen, die sich aus Kompromissen, flugtechnischen Zwängen und herstellungsrelevanten Möglichkeiten ergibt.

Grundsätzlich werden die Flügel- und Leitwerksprofile in symmetrische und unsymmetrische gruppiert. Letztere erzeugen durch ihre Krümmung, Wölbung genannt, bei deren Vergrößerung mehr Auf-

trieb und sind langsamflugfreundlicher. Eine wichtige Größe ist die Profildicke – das Verhältnis von maximaler Dicke zur Profiltiefe in Prozent. Die Tiefe wird zwischen Profilnase und Endkante gemessen, die Verbindungslinie nennt man Profilsehne. Die Position des Dickenmaximums wird als Dickenrücklage bezeichnet, häufig bei einem Viertel bis zu einem Drittel der Flügeltiefe.

Auch der Nasenradius ist von Bedeutung. Die Rundung der Profilvorderkante trennt den anfließenden Luftstrom am Staupunkt und teilt ihn in Strömung der Oberseite und der Unterseite. Die Strömungsfäden folgen der Krümmung der oberen Flügelfläche und geraten hinter der größten Dicke in Schwingung mit noch kleinen Amplituden. Hier ändert sich die laminare (gleichlaufende) Strömung in eine turbulente, dieses Kriterium wird Umschlagpunkt genannt. Weiter rückwärts vor der Hinterkante löst sich diese turbulente Strömung am Ablösepunkt vom Profil ab. Auf der Profilunterseite sind die genannten Erscheinungen mehr zur Hinterkante verschoben, da die Unterseite im Flugzustand flacher angeströmt wird.

Zur Auftriebsvergrößerung wird entweder die Fahrt erhöht oder/und der Anstellwinkel vergrößert. Dieser

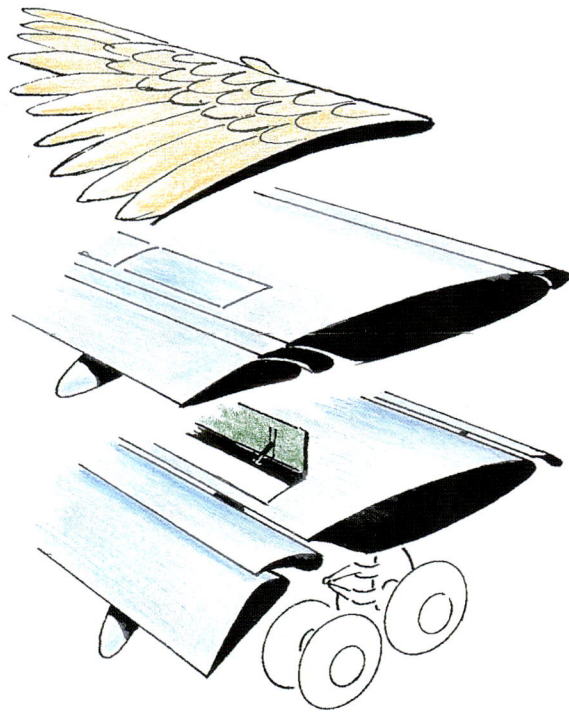

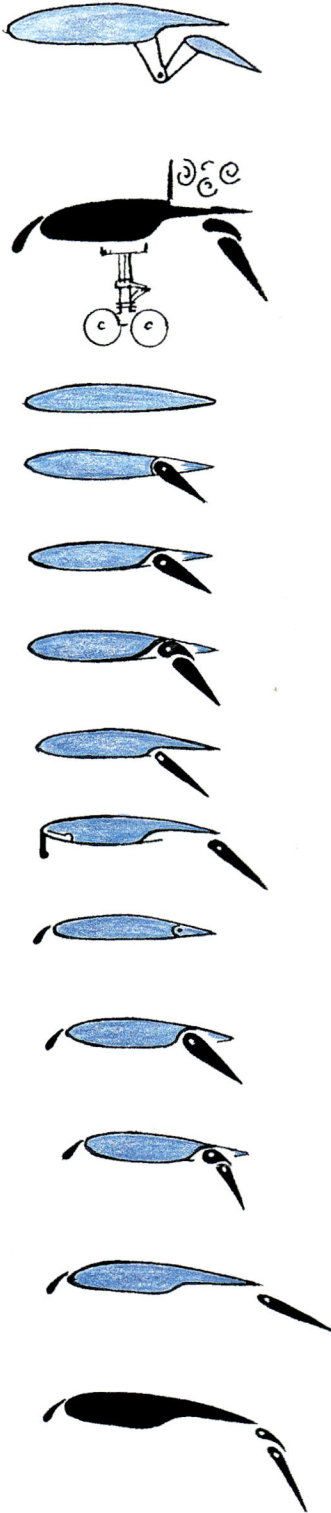

bezeichnet den Winkel zwischen der Profilsehne und der effektiven Anströmrichtung. Er ist gewöhnlich bei hoher Geschwindigkeit gering und misst im Langsamflug bis zu 16°. Bevor dieser maximale Anströmwinkel im Extremfall überschritten wird, zeigt das Flugzeug durch typisches Vibrieren, Schütteln, akustische und optische Warnzeichen die Annäherung an den Strömungsabriss an. Doch selbst ein Flugzeug besitzt auch ein eigenes Überlebensbedürfnis: Vor dem Strömungskollaps drängt es die Nase abwärts, um diesen Winkel zu verringern und um den sicheren Flugzustand wieder herzustellen.

Ein Flugzeug muss im hohen Geschwindigkeitsbereich wenig Luftwiderstand bieten. Dennoch muss es bei Start und Landung sichere Langsamflugeigenschaften besitzen. Deshalb sind die Tragflügel schneller Flugzeuge mit veränderbarem Profil ausgestattet.

Um die Strömungsverhältnisse im Langsamflugzustand zu verbessern, hat man verschiedene Klappensysteme an der Flügelhinter- und Vorderkante eingebaut. Dadurch wird die Profilwölbung vergrößert und durch Schlitze die Strömung beschleunigt und zum besseren Anliegen gezwungen. Außerdem ist auch die Manövrierbarkeit noch im untersten Fahrtbereich gesichert. Das Verhalten in diesem Bereich ist für jedes Flugzeug ein wichtiges Kriterium auch für die Verkehrszulassung.

Vom einfachen Flügelquerschnitt kann man mittels Klappensystemen eine Wölbung herbeiführen, die für bessere Langsamflugeigenschaften sorgt und die Flügelfläche vergrößert. Dies ergibt eine geringere Flächenbelastung und damit die Reduzierung der Mindestgeschwindigkeit.

Schnellflugprofile

Nicht nur ein gutes Langsamflugverhalten des Flugzeugs ist ein wertvolles Charakteristikum, sondern auch das Erreichen eines höheren Geschwindigkeitsbereichs. Dieses wird nicht allein durch stärkeren Triebwerksschub bewältigt, es hängt auch von der Profileigenschaft ab. Die sogenannten Schnellflugprofile wurden erst gegen Mitte der Luftfahrtgeschichte entwickelt, als auch leistungsstärkere Motoren verfügbar wurden. Während die „langsamen" und dickeren Profile eine recht turbulente Grenzschicht aufweisen, d.h. wobei die am Profil anliegende Strömungsschicht früh turbulent und widerstandsträchtig ist, beginnt beim „schnelleren" Profil das Umschlagen von laminarer in turbulente Strömung wesentlich weiter rückwärts am Profil. Dies erreicht man durch Verschieben des Dickenmaximums in Richtung Profilende.

Durch zusätzliche Verkleinerung des Nasenradius wirkt die vordere Profilhälfte wesentlich widerstandsärmer. Der Umschlagpunkt ist weiter hinten und bei manchen Profilen mit größerem Hinterkantenwinkel hebt die Strömung im Ruderbereich ab. Zum Wiederanliegen der – wenn auch turbulenten – Strömung dienen sogenannte Turbulenzgeneratoren in Form von kleinen Blechwinkeln auf der Oberseite des Flügels, die hier für eine energiereichere Grenzschicht sorgen. Sie sind bei einigen Airlinern gut sichtbar. Vor den Rudern und Leitwerken angebracht bewirken sie eine bessere Ruderansprache.

*Systeme zur Profilän-
derung: Die obere Ver-
sion fährt einen Vorflü-
gel aus, welcher
einen Schlitz bildet,
durch den die Strö-
mung beschleunigt
wird und auf der Ober-
seite besser anliegt.
Die untere Ausführung
zeigt eine „Krüger-
Klappe", die für eine
stärkere Wölbung des
Gesamtprofils sorgt.
Die Flügelklappen ha-
ben jeweils einen Dop-
pelspalt zur Beschleu-
nigung der Strömung.*

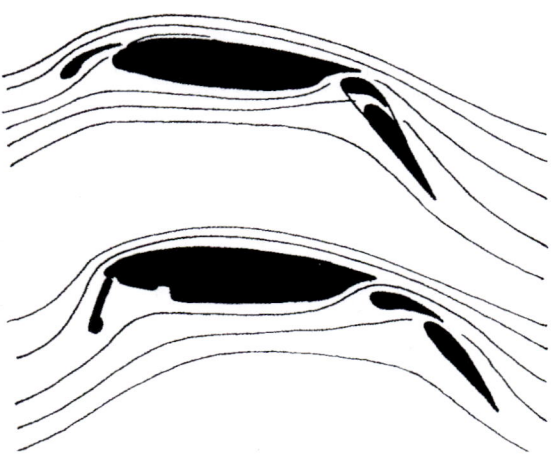

Landeklappen

Doch eine gute Schnellflugleistung wird bei Start und Landung problematisch, wenn der Flügel über kein entsprechendes Klappensystem verfügt.

Die hinteren Landeklappen wölben zusammen mit den Vorflügeln das Gesamtprofil und vergrößern auch die Flügelfläche. Dadurch verringert sich die Flächenbelastung, das heißt, das Fluggewicht verteilt sich auf eine größere Fläche. Somit kann auch die Minimalgeschwindigkeit verringert werden und eine Start- und Landebahn muss nicht unendlich sein, um die Abhebgeschwindigkeit zu erreichen oder nach Landung zum Stehen zu kommen. Die Klappensysteme an der Flügelhinterkante zeigen viele Möglichkeiten der Veränderung eines Flügelquerschnitts in diesem Bereich. Bei kleineren Flugzeugen werden die hinteren Sektionen des Flügels einfach abwärts gedreht. Einige öffnen dabei einen Spalt zum Flügel und lassen hier die Strömung beschleunigen. Eine solche Klappe kann auch an ihrer Vorderkante einen Vorflügel tragen und nennt sich dann Doppelspaltklappe, so wie sie bei Großflugzeugen bei der Landung zu sehen ist. Nach der Bodenberührung der Räder stehen vor den Landeklappen auf der Flügeloberseite plötzlich weitere Klappen auf und agieren als Luftbremsen. Diese Spoiler sind während des Fluges bei höherer Geschwindigkeit als Querruder eingesetzt. Einige Flugzeugtypen weisen die „inneren Querruder" für den Schnellflug und die „äußeren Querruder" für den langsamen

Fahrtbereich auf. Zur Wölbung und gleichzeitiger Vergrößerung der Tragfläche sind an den Flügelhinterkanten Führungsschienen angebracht, welche eine nach hinten ausfahrende Klappe zunächst für die Startstellung nur leicht – meist etwa 10° – abwärts lenken und bei weiterem Ausfahren zur Landung bis 40° erreichen.

Das Klappensystem kann sich über etwa zwei Drittel eines Flügels strecken und im flach ausgefahrenen Zustand die Flügelfläche um bis zu 20 % vergrößern. Einen derartigen Effekt nennt man nach dem Konstrukteur „Fowler". Es wird auch großer Wert auf anliegende Strömung an den Klappensystemen gelegt. Bekannte Hochleistungsmaschinen erhielten Vorrichtungen, durch welche Triebwerkszapfluft über den Klappen ausgeblasen wird. Dadurch liegt die Grenzschicht dichter an – der Auftrieb wird vergrößert.

Auch an der Flügelnase finden verschiedene mechanische Verformungen statt. Zur Verbesserung der dortigen Umströmung klappt man für den Langsamflug ein im Flügel verborgenes Profil steil nach unten aus, meist im rumpfnahen Flügelbereich, welches sich „Krüger-Klappe" nennt. Die meisten größeren Flugzeuge nutzen heutzutage nur den aerodynamisch sauber geformten Vorflügel, durch dessen Schlitz auch die Strömung beschleunigt wird. Dieser Venturi-Effekt trägt dort entlang der Spannweite zum besseren Anliegen der Strömung an der oberen Vorderseite des Flügels bei.

Auch direkt hinter der Flügelnase gab es schon bei einigen Flugzeugen sogenannte Vortex-Generatoren, um der Strömung „endgültig zu zeigen, wo es lang geht". Außer solchen konstruktiven Kunstgriffen wendet man noch weitere hauptsächlich an Flugzeugen mit gepfeiltem Tragwerk an. Auch die sogenannten Grenzschichtzäune – aufrecht auf dem Flügel stehende Blechstreifen –, „Sägezähne" oder die sprunghaft vorgezogene Profilnase des Außenflügels: alle verhindern eine Grenzschichtwanderung und damit verbundene Strömungsablösung.

Den gefiederten Luftmeerbenutzern wurden übrigens einfachere Problemlösungen die Grenzschicht betreffend bereits in die (Nest-) Wiege gelegt: Bei

sehr großem Anstellwinkel richten sich auf der Flügeloberseite Federnreihen auf und verhindern ein Vordringen des großen Turbulenzkeils vom hinteren Flügelrand her unter die noch gesunde Strömung. Eine Eulenart benutzt in der Mitte der Flügelnase eine Feder als Quasi-Vorflügel.

Welche Widerstände muss das Flugzeug überwinden?

Ein Flugzeug muss sich bei seinem Weg durch die Luft gegen Widerstände verschiedener Arten durchsetzen. Bewegt sich das Flugzeug in der Luftmasse, so ist zunächst die Gesamtform für deren „Verteilung" um den Flugzeugkörper ausschlaggebend. Diese bremsende Wirkung wird durch den Verdrängungswiderstand hervorgerufen. Eigentlich selbsterklärend, dass ein massiver Körper – verglichen mit schlanken Flugzeugrümpfen – auch viel mehr Luftmasse verdrängt als ein aufs Minimum reduzierter.

Der Widerstand der Form selbst ist zwar durch Annäherung an die berühmte Stromlinienform generell minimiert, doch auch diese erlaubt viele Variationsmöglichkeiten. Da ist zunächst das Verhältnis der

Länge zur Dicke des Gegenstandes – das erwähnte Dickenverhältnis. Ein zu geringes schadet der Geschwindigkeit, ein zu großes entspricht auch nicht unbedingt dem idealen Wert von ca. 1:7. Sucht man Beispiele in der Natur, so trifft man auf Karpfen und Hecht, wobei es auch noch auf die Querschnittsform ankommt. Bei Flugtieren ist beim Körper – wie beim Flügelprofil die Dickenrücklage – der Abstand der maximalen Dicke von der Vorderkante – aerodynamisch relevant. Nicht nur die Natur weist manchmal den Vorteil einer noch größeren Rücklage wie z. B. beim Delphin nach, auch in der „humanen" Flugtechnik hat sich dieser beim Laminarprofil bewiesen: im schnellen Flugbereich. Die zweckangepasste Variation kann also auch den Formwiderstand reduzieren.

Reibungswiderstand verringern
Eine bekannte Art geschwindigkeitshemmender Wirkung ist der Reibungswiderstand. Er entsteht durch Reibung innerhalb der Grenzschicht, welche die Bindeschicht zwischen der Oberfläche eines umströmten Körpers und der homogenen, freien Strömung bildet. Entlang einer sehr rauen Fläche reibt sich die Strömung und wird gehemmt. Die widerstandsträchtigen Turbulenzen kann man durch ver-

Die enormen Landeklappen des A 380 sind größer als die Tragflächen mancher Kleinflugzeuge! Der fast 600 Tonnen schwere und bis zu 850 Passagiere fassende Airliner wird von vier gewaltigen Triebwerken mit je 30 Tonnen Standschub angetrieben. Als Nutzlast bringt die Frachterversion über 150 Tonnen in die Luft – das erfordert großen Auftrieb bei Start und Landung. Deutlich erkennbar sind hier die an den Flügelenden zur Verringerung des Widerstands angebrachten „Winglets".

Um den schädlichen Luft-widerstand zu verringern, hat man früh versucht, das Fahrwerk in der Flug-zeugzelle „verschwinden" zu lassen. Doch das feste Fahrwerk wird bei kleine-ren Maschinen – wegen des konstruktiven Mehr-aufwands und der War-tungskomplexität des Ein-ziehfahrwerks – bis heute verwendet. Schneekufen und Schwimmer sind oft auch als auswechselbare Option konstruiert, etwa bei Amphibienflugzeugen.

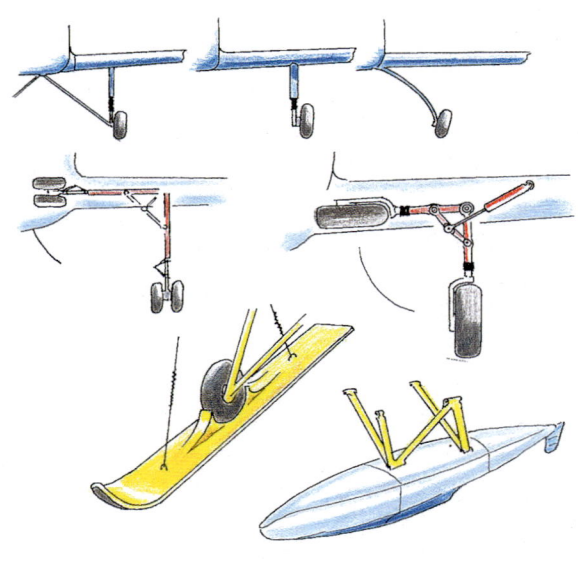

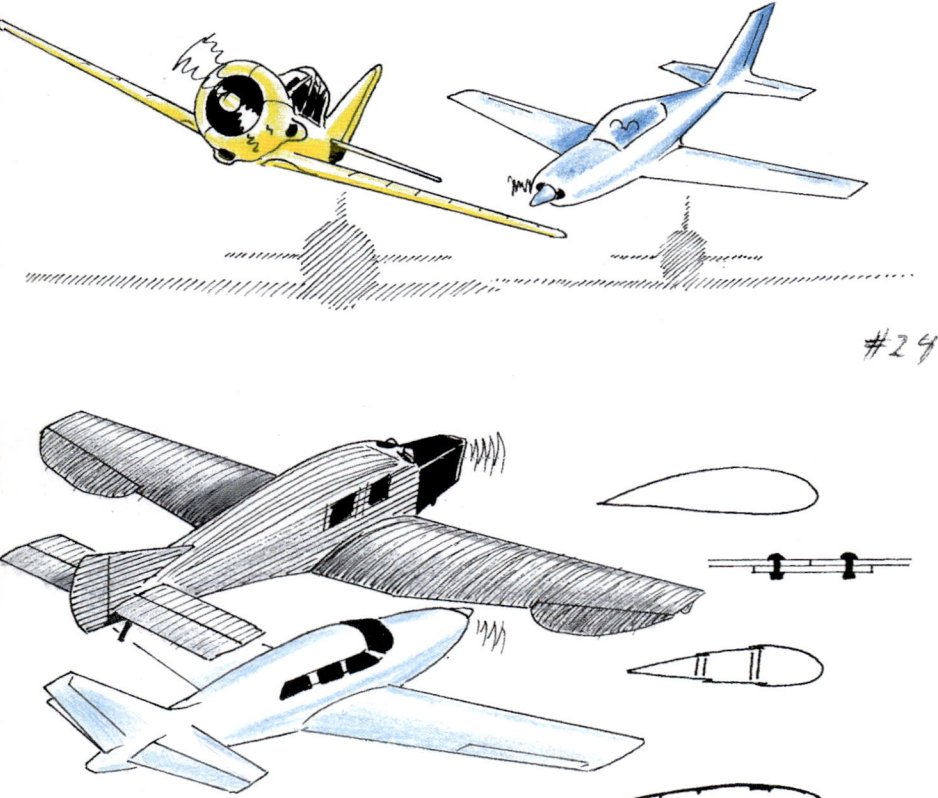

#24

besserte Oberflächengüte vermeiden, indem man die Rauhigkeiten glättet bzw. poliert. Jedoch ist in bestimmten Bereichen wie z. B. auf der Oberseite von Profilen eine erforderliche „dünne" Turbulenz-schicht zu erhalten, damit dort die Strömung – wenn auch turbulent – anliegend bleibt. Es gibt Ver-suche in der Flugtechnik, mithilfe einer haifisch-hautähnlichen Folie dieses widerstandsoptimale Verhalten zu kopieren, bei den riesigen Ausmaßen fast Utopie!

Nicht alle Vögel können ihr Fahrwerk einziehen, darunter einige der künstlichen. Das Fahrwerk unter der Oberfläche zu verstauen war schon früh gelun-gen. Besonders wenn es um höhere Geschwindig-keit ging, war das dringend nötig. Gegenüber dem mechanischen Aufwand musste die Verringerung des Luftwiderstands deutlich genug sein. Zweckge-bundene Landewerke bleiben übrigens „draußen".

Widerstände am Flügelprofil

Ein immer wieder genannter Wert, der auch in der Werbung kaum noch fehlt, ist der Cw-Wert. Er be-zeichnet den dimensionslosen Widerstandsbeiwert z. B. eines Flügelprofils. Er kann im Windkanal ge-messen werden und wird im Flugwesen kaum ohne seinen aerodynamischen Mitwirkenden, den als Ca-Wert benannten Auftrieb angegeben.

Verständlich wird der Zusammenhang der Profil-form mit dem Widerstandsgebaren auf der soge-nannten Profilpolaren, die erstmals von Otto Lilien-thal erstellt wurde. Auf dieser werden gemessene Auftriebs- und Widerstandsmessungen eingetragen und ergeben nach Verbindung eine Polare. An ihr kann der dem Auftrieb zugeordnete Widerstand entnommen werden. Man kann in der Grafik auch erkennen, dass im noch kleinen Anstellwinkelbe-reich der Auftrieb rasch und mit geringer Wider-standszunahme wächst, die jedoch im oberen Teil

Die Entwicklungsgeschichte der Flugzeuge zeigt ein großes Spektrum der Widerstandsbewältigung. Vor der Glattblechbeplankung und Kunststoffhaut wurde die Strömung auch durch Wellblech stabilisiert.

sehr rasch zunimmt – bei gleichzeitiger Abnahme des Auftriebs. Wo die Polare abfällt, ist nur noch Widerstand vorhanden, wie nach einem Strömungsabriss. Der Verlauf der Polaren gibt auch Aufschluss über die Gutmütigkeit des Profils im hohen Anstellwinkelbereich.

Ihre obere Kurve zeigt bei rundem Verlauf einen überwiegend problemfreien Durchlauf des kritischen Anstellwinkelbereichs, während bei Laminarprofilen dort eher ein kantiger, also abrupter Strömungskollaps verzeichnet wird. Ein speziell bei laminaren Profilen auffallender Aspekt ist die „Laminardelle", die keinen Einschlag am Flügel, sondern eine Einbuchtung in der Polaren um den +5° bis -5°-Anstellwinkelbereich meint, denn hier ist ein solches Profil besonders widerstandsarm.

Der Profilwiderstand, der Cw-Wert, ist Faktor bei der Berechnung der Leistung eines Flügels. Bei dessen Ermittlung wird auch die Flügelstreckung mit einbezogen, das ist das Verhältnis von Spannweite zu mittlerer Flügeltiefe. Da die Tragflächen nicht immer rechteckige Geometrie haben, sondern auch aus verschieden proportionierten Sektionen bestehen können, wählt man neben der konstanten Länge der beiden Flügel die durchschnittliche Profilsehne als Multiplikator und erhält die Flügelfläche. Die dazwischen liegende Rumpffläche wird einbezogen, da der Rumpf auch mittragende Elemente aufweist.

Problemzone Übergänge

Auch die Übergänge der Tragflächen zum Rumpf bewirken einen unerwünschten Einfluss. Die an dieser Position mit unterschiedlichen Geschwindigkeiten und Drücken zusammenfließenden Strömungen werden zwar durch entsprechende Verkleidungen beruhigt, aber ein bestimmter Widerstand bleibt. Eigentlich entsteht der sogenannte Interferenz-Widerstand durch gegenseitige Beeinflussung der Bauteile wie z. B. die Übergänge von Flügel zum Rumpf, Leitwerk zum Rumpf und Triebwerksgondeln zum Flügel oder auch zum Rumpf. Auch die Anschlüsse und Übergänge von Flügelstreben sowie Fahrwerksverkleidungen sind solche Punkte.

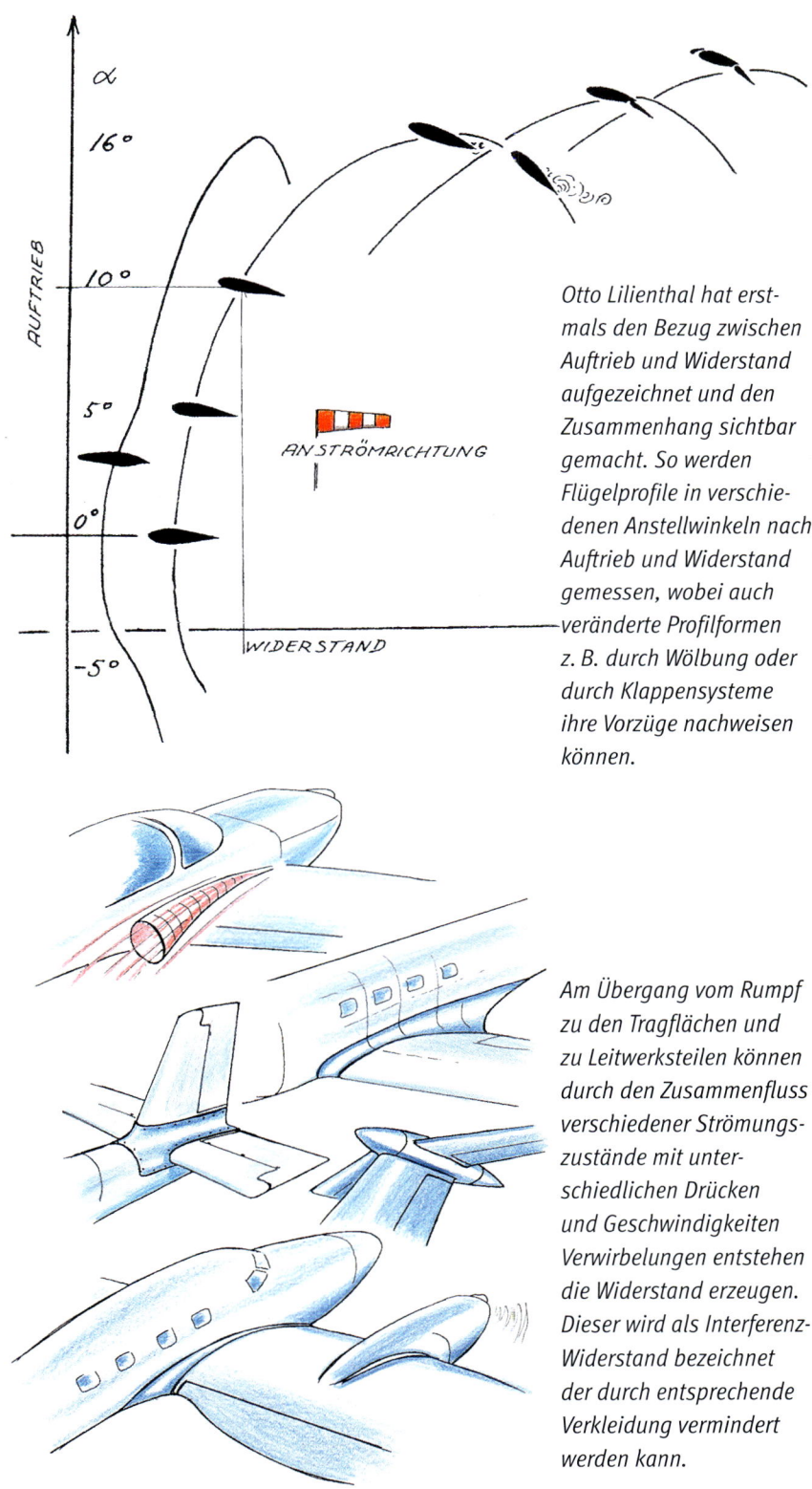

Otto Lilienthal hat erstmals den Bezug zwischen Auftrieb und Widerstand aufgezeichnet und den Zusammenhang sichtbar gemacht. So werden Flügelprofile in verschiedenen Anstellwinkeln nach Auftrieb und Widerstand gemessen, wobei auch veränderte Profilformen z. B. durch Wölbung oder durch Klappensysteme ihre Vorzüge nachweisen können.

Am Übergang vom Rumpf zu den Tragflächen und zu Leitwerksteilen können durch den Zusammenfluss verschiedener Strömungszustände mit unterschiedlichen Drücken und Geschwindigkeiten Verwirbelungen entstehen die Widerstand erzeugen. Dieser wird als Interferenz-Widerstand bezeichnet der durch entsprechende Verkleidung vermindert werden kann.

An den Flügelenden ist der Widerstand nicht zu Ende – er kann hier eine sehr drastische Bremswirkung erzeugen. Durch den Druckausgleich bei der Auftriebserzeugung fließt die Strömung des höheren Druckes von der Flügelunterseite in Richtung des Unterdruckes auf der Oberseite. Der entstehende Randwirbel dreht einwärts und schwimmt mit dem Fahrtwind fort.

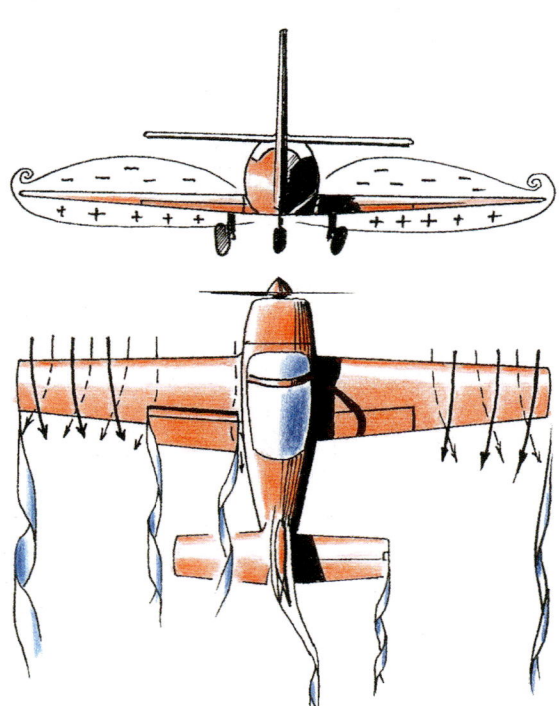

Widerstand an den Flügelenden

Großen Einfluss auf die Gestaltung der Tragflächen hat der induzierte Widerstand. Er entsteht durch die Auftriebsbildung an den Flügelenden. Der am Flügelende oben einwärts drehende Wirbel wird vom Fahrtwind nach hinten abgelenkt, wodurch dessen Strömung einen spiralförmigen Wirbel hinterlässt. Er ist übrigens der einzige unter gewissen Bedingungen sichtbare Widerstand. Bei hoher Luftfeuchtigkeit wird im Vakuum des Wirbels die Temperatur gesenkt, die in der Luft enthaltene Feuchtigkeit kondensiert und wird sichtbar. Zu sehen sind diese Wirbel mitunter von hinteren Passagiersitzen aus, wenn die Landeklappen ausgefahren sind.

Es gibt verschiedene Methoden, den induzierten, als „Tribut" bei der Auftriebserzeugung entstandenen, Widerstand zu verringern. Zum einen kann man den Flügel nach außen verjüngen, so dass der Druckausgleich nicht nur am schmalen Flügelende stattfindet. Deutlicher Beweis sind die Flügel der Segelflugzeuge, deren Entwürfe stets nur unter dem Aspekt der Widerstandsarmut entstehen konnten. Auch eine Schränkung des gesamten Flügels verteilt den Auftriebs-„Schwerpunkt" mehr in Richtung Innenflügelbereich. Dies erreicht man, indem der Flügel konstruktiv um wenige Grad so in sich verdreht wird, dass der äußere Teil einen geringeren Einstellwinkel erhält und gleichermaßen der dortige Querruder-Bereich länger in „gesunder" Strömung bewegt wird.

Ein möglicher Strömungsabriss soll – wenn überhaupt – möglichst in Rumpfnähe ohne größere Hebelwirkung um die Flugzeuglängsachse auftreten. Zum anderen wird der Randwirbel durch besondere Formgebung der Tragflächenenden gemindert. Dort sind für die „Ausfüllung" des Wirbelkegels oder zu dessen Verhinderung Tanks in Spindelform oder mit geschweiftem Ende zu finden. Seit Jahren werden auch

Auch an Triebwerkseinläufen am Rumpf kommen unsichtbare Strömungsdifferenzen zustande. Die Strömung des Rumpfes und jene der Oberseite der Tragfläche haben unterschiedliche Geschwindigkeiten und erzeugen dadurch Widerstand an der Flügelwurzel. Dem entsprechend wird der Übergang rund gestaltet.

Die Gesamtform dieses Rumpfes der bewährten DC-3 ist nahezu ideal, dadurch wird der Verdrängungswiderstand in Grenzen gehalten. Die sich verwerfenden Niethautfelder erzeugen jedoch zusätzlichen Reibungswiderstand. Während des Fluges werden die Flächen zwischen den Spanten und Stringern durch die aerodynamische Druckänderung hervorgehoben, dadurch wird die bremsende Wirkung gemindert.

sogenannte Winglets in unterschiedlicher Form angebaut, wobei neben der Widerstandsverringerung zugleich eine Vortrieb leistende Komponente entsteht. Auch bei kleineren Flugzeugen ist man bestrebt, durch besondere Formgebung der Flügelendkappe wenigstens einen Kompromiss aus deren Profilwiderstand und dem induzierten Widerstand abzuringen.

Der induzierte Widerstand ist im großen Anstellwinkelbereich am höchsten und nimmt mit dessen Verkleinerung wie im Reiseflug ab. Aus diesem Grund werden Start und Landung von Verkehrsflugzeugen je nach Wirbelschleppenkategorie in zeitlichen und räumlichen Abständen freigegeben. Denn

Die Tragflächen sind normalerweise zur Flügelspitze hin leicht „negativ" verdreht. Diese Schränkung bezweckt, dass der Strömungsabriss im Extremfall nicht zuerst den Außenbereich des Flügels erfasst, wo die Querruder wirksam bleiben sollen. Der Strömungskollaps beginnt deshalb meist in Flügelwurzelnähe, wo die Symptome noch harmlos sind.

die Wirbel hinter großen Flugzeugen können eine Vehemenz entwickeln, die nachfolgende Flugzeuge in ihrer Fluglagekontrolle enorm beeinträchtigen können – ganz zu schweigen von kleineren Luftfahrzeugen. Die Wirbelgebilde nehmen hinter den Flugzeugen an Ausmaß und Stärke zu und lassen erst nach Minuten nach. Da diese Wirbelschleppen sich hauptsächlich unter dem Flugweg ausbreiten, ist von einem Unterfliegen oder Kreuzen dieser Zonen unbedingt abzuraten.

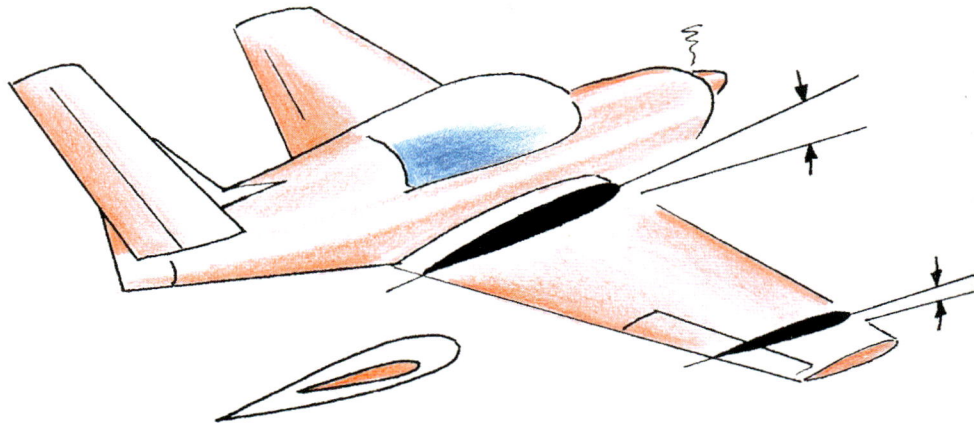

Steuerung und Cockpit

Nichts dem Zufall überlassen: Die Steuerung

Auch heute noch werden einfache Fluggeräte wie zu Otto Lilienthals Zeiten durch Verlagerung des Schwerpunktes gesteuert. Doch mit zunehmender Komplexität des Flugzeugs reicht diese nicht mehr aus und eine wirksamere Methode ist unabdingbar. Deshalb entwickelte man anfangs für Tragflächen sowie die vertikalen und horizontalen Leitwerksflächen flexible Hinterkanten. Mit Auftauchen freitragender und unflexibler Flügel und Leitwerkskomponenten wurden bewegliche Ausschnitte erforderlich, mit denen eine Profilwölbung ermöglicht und die Auftriebsgröße in diesen Bereichen kontrolliert verändert werden konnte.

Die Hebelwirkung der einzelnen Ruder und ihre Fläche müssen auf das gesamte Fahrtspektrum abgestimmt sein. Die Kraft zur Betätigung soll bei kleineren Flugzeugen nicht die der Piloten übersteigen. Die Reaktion soll spontan und nicht übersensibel sein. Eine zu träge Ruderansprache ist ebenso unerwünscht. Das gesamte Leitwerk darf nicht im Strömungsschatten davor befindlicher Bauteile liegen, besonders nicht in Turbulenzkeilen, wo sich Ruderflächen im „Totwasser" wirkungslos bewegen würden.

Die Steuerimpulse werden vom Cockpit aus auf die jeweiligen Ruderflächen übertragen. Dabei sind

Die Arbeit der Piloten in den Cockpits früherer Flugzeuge mit ihren Steuersäulen und Hebeln, Schaltern und Knöpfen sowie den unzähligen mechanischen Rundinstrumenten war im Vergleich zum heutigen computergesteuerten Glascockpit (so das Cockpit der A 340-600 auf Seite 53) noch schwere Handarbeit.

die Eingaben des Piloten sinngleich mit den beabsichtigten Fluglageänderungen. Außerdem sind Anzahl oder Einbauposition sowie Art der Triebwerke unerheblich.

Die Steuerung wurde anfangs mit getrennten Hebeln „bewältigt" und forderte auch zum Teil spürbaren Kraftaufwand. Bei den ersten kastenförmigen und weit auseinander liegenden Leitwerksflächen waren Handhebel mit langem Wirkungsarm erforderlich. Die Bedienung der separaten Hebel für Quer- und Höhensteuer waren gewöhnungsbedürftig, Seitensteuer und Motorkontrolle schwer zu bedienen.

Der Zentralknüppel unserer Zeit kommt dem natürlichen Bewegungsgefühl am nächsten. Querlage links: Knüppel nach links. Das Handrad oder das Steuersegment aktivieren die Ruder zwar genauso, doch verführen sie während der Anfängerschulung zu gewissen Fehlreaktionen, die insgeheim mit dem Autolenken verwandt sind. Diese ungewollten Missgriffe zu vermeiden, bedeutet auch, ein taugliches und unverfängliches Design der Steuerungseinrichtung zu entwerfen.

Es gab auch sehr elegante, dem Firmenlogo eines Herstellers nachempfundene Steuersegmente, die jedoch aus der Sicht der Fluglehrer eher die Ausbildung behinderten. Die Übertragung der Steuerausschläge vom Cockpit zu den Rudern erfolgt über Steuerstoßstangen, Umlenkhebel, Wellen und Segmenthebel. Auch Steuerseile werden über Führungs- oder Umlenkrollen geleitet. Dabei soll beim Ausfall einer Verbindung noch eine andere bestehen bleiben.

Bei größeren Flugzeugen unterstützt aufgrund der höheren Ruderdrücke eine Hydraulikanlage die Ruderbetätigung. Dabei werden wegen der sehr leichtgängigen Steuerung die Ruderdrücke künstlich generiert, um das Gefühl der natürlichen Steueransprache zurück zu erhalten. Hier ist ein progressiver

Das Flugzeug bewegt sich um drei Achsen. Diese imaginären Linien verlaufen durch den Schwerpunkt des Flugzeugs. Um die Längsachse rollt das Flugzeug mit Querruder, um die Hochachse giert es mit Seitenruderausschlägen und um die Querachse werden jeweils Nickbewegungen mit dem Höhenruder gesteuert.

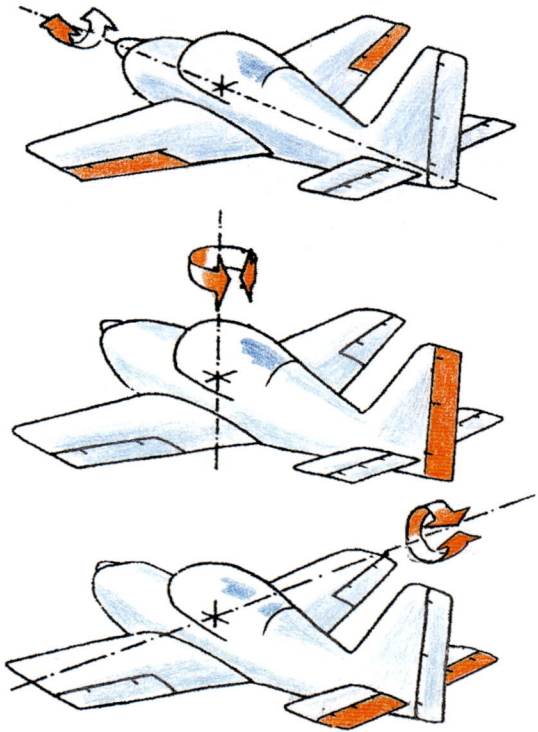

Das auf die notwenigsten Elemente reduzierte Cockpit einer Klemm L 25, ein Schlufugzeug der frühen 30er Jahre, mit Zentralknüppel und einfacher Instrumentierung durch genormte Rundinstrumente.

Steuerdruck mit Ausschlagsvergrößerung der Ruder simuliert. Die Anlagen sind mehrfach und parallel ausgeführt, um auch hier die totale Ausfallwahrscheinlichkeit zu vermeiden, also auch dort Redundanz zur Sicherheit.

Das Cockpit – der Kommandostand

Die Entwicklung der Instrumente

Betrachtet man die „Führerstände" der Verkehrsflugzeuge früher Jahre, so erinnern sie eher an Maschinenstände mit zunächst schwer definierbaren Hebeln und Uhren mit verzierten Zeigern. Seilzüge, Steuerstoßstangen, Ketten und Kabel verliefen noch wartungsfreundlich, aber so manches wichtige Bedienungselement war schwer zugänglich.

Die Steuerbedienung lässt erkennen, dass hier noch reine Muskelkraft eingesetzt wurde und so mancher Schalter noch ein Hebel war. Die Anzeigegeräte waren zwar in Sichtweite, aber noch ohne System angeordnet. Diese „Uhren" sind in modernen Maschinen meistens, in den kleineren teilweise, durch LCDs, die sogenannten Glascockpits, ersetzt worden. Deren Anordnung und auch die der Steuerorgane ist nach letzten Erkenntnissen der Ergonomie und Übersichtlichkeit zusammengestellt. Wo früher noch der Fahrtwind ins offene Cockpit blies und fast noch als unverzichtbarer Mitfaktor zur Fahrtanzeige galt, sind schon lange präzise Instrumente installiert.

Diese Geräte werden in Gruppen unterteilt, nämlich zur Flugüberwachung, für die Navigation und die Triebwerksüberwachung.

Flugüberwachung

Die für den Flugzustand genutzten Anzeigen stellen sich zunächst als barometrische Instrumente dar. Deren Funktion basiert auf einem Dosensystem. So dehnt sich die geschlossene Dose des Höhenmessers beim Aufstieg aufgrund des abnehmenden Luftdruckes mit der Höhe aus. Diese Bewegung wird auf ein Zeigersystem übertragen. Darüber hinaus kann der Mechanismus dem jeweiligen Flugflächensystem angepasst werden. Der Fahrtmesser reagiert ebenfalls auf das Ausdehnen der Dose, in die während des Fluges der Staudruck geführt wird, also eine Messung der Geschwindigkeit gegenüber der Umgebungsluftmasse. Die Messsonde – das Staurohr – ist in störungsfreier Position am Bug, am Leitwerk oder unter der Tragfläche angesetzt. Eine Angabe über Steigen oder Sinken liefert das Variometer. Dessen Mechanismus arbeitet wie der Höhenmesser, zwischen der Aneroid-Dose und dem statischen Druckabteil ist eine Ausgleichsöffnung, die für eine der Höhenänderung entsprechende Anzeige sorgt.

Für die Fluglage selbst wurde ein kreiselgestütztes Anzeigesystem entwickelt, das die tatsächlichen Fluglagen des Flugzeugs in Miniaturform vor einem künstlichen Horizont darstellt. Der elektrisch angetriebene

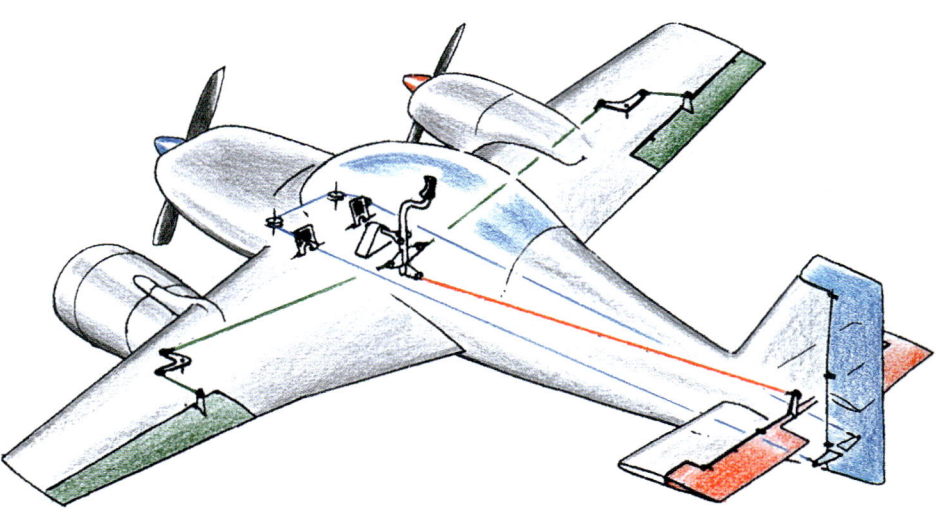

Oben: Gleichgültig, mit welcher Antriebsart das Flugzeug bewegt wird, das Funktionsprinzip der Steuerung bleibt stets identisch. Nur die Gestalt des Steuerknüppels kann variieren.

Links: In den Cockpits moderner Airliner sind die Instrumente zur Flugüberwachung sehr übersichtlich angeordnet. Der Pilot hat alle wichtigen Anzeigen und Bedienungselemente direkt in seinem Blickfeld. Gerade für Langstreckenflüge ist ein ergonomisches Cockpit-Layout wichtig, das den Piloten stressfreies und konzentriertes Arbeiten ermöglicht.

Das Foto zeigt die wichtigsten Steuerorgane im Cockpit der Lockhed Tristar. Die Steuerung für Quer- und Höhenruder sowie die Pedale zur Betätigung des Seitenruders. In der Mitte die Schubhebel für die Triebwerke und die Betätigung der Landeklappen. Vor den Piloten sind jeweils die Flugüberwachungsinstrumente und mittig dazwischen die Triebwerksinstrumente platziert. Die sichtbaren Handräder dienen der Höhenrudertrimmung.

1: Automatische Flugkommandoanlage (Autopilot)

2: Lande- und Rollscheinwerfer

3: Künstlicher Horizont

4: Fahrtmesser

5: Kreiselkompass

6: Variometer

7: Barometrischer Höhenmesser

8: Radio-Höhenmesser

9: Triebwerksinstrumente

10: Landeklappenstellungsanzeige

11: Fahrwerkbedienungshebel

12: Zeituhr

13: Wetterradar

14: Steuersäule

15: Navigationsrechner

16: Luftbremse

17: Triebwerkleistungs- und Schubumkehrhebel

18: Bedienungshebel für Landeklappen

19: Parkbremse

20: Bugradsteuerung

21: Kompasskorrekturtabelle

22: Überwachungseinrichtung der elektronischen Flugsteuerung

23: Schaltanlage für Enteisungssystem

24: Feuerlöschbedienungshebel

25: Triebwerksstartschalter

26: Sprechfunkeinrichtungen

27: Quer- und Seitenrudertrimmung

28: Höhenrudertrimmrad

Dieser „Führerstand" der Junkers W 34 hi zeichnet sich durch nackte Zweckmäßigkeit aus. Die Stoßstangen und Steuerseile verlaufen offen und die Instrumente sind so übersichtlich wie möglich angeordnet.

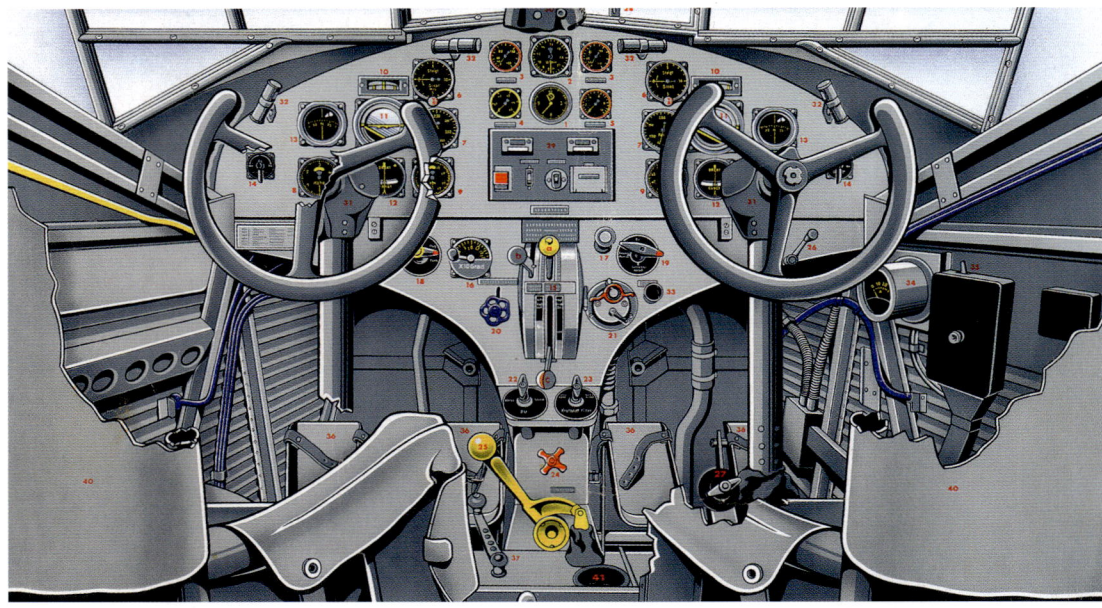

Die Funktion des mechanischen künstlichen Horizonts basiert auf einem mit hoher Drehzahl rotierenden Kreisel, der in einem vollkardanischen Rahmen gelagert ist und bei allen Bewegungen des Flugzeugs seine Lage im Raum beibehält. Bei Veränderungen der Fluglage um die Längsachse und/oder die Querachse wird über ein Gestänge diese Abweichung auf die Gerätfront übertragen und sinngemäß angezeigt.

Kreisel ist in einem Käfig vollkardanisch gelagert und behält seine Lage im Raum bei. Das Flugzeug bewegt sich mit dem Käfigsystem um den um eine senkrechte Achse rotierenden Kreisel „herum". Diese Veränderungen um die Quer- und die Längsachse werden über ein Gestänge zur Anzeige übertragen.

Ein weiteres kreiselgestütztes Gerät wird Wendezeiger genannt. Dieses zeigt Drehungen um die Hochachse an. Dessen Kreiselachse liegt horizontal und parallel zur Querachse des Flugzeugs und lagert in einem Rahmen, der sich seitlich kippen lässt. Die Drehzahl dieses Kreisels ist nicht so hoch wie die des „sturen" Kreisels des künstlichen Horizontes,

da er sich beim Kurvenflug etwas aus seiner Lage bringen lassen muss. Denn sobald das Flugzeug zu drehen beginnt, präzediert der Kreisel und kippt seitlich, womit diese Auswanderung auf die Anzeige übertragen wird. Die Bewegung des Rotationskörpers ist federgelagert begrenzt. In einem hieraus weiterentwickelten Gerät – dem „Turn and bank commander" – ist die Rahmenachse etwas nach vorne aufgerichtet, um auch gleichzeitig auf Querlage-Veränderungen reagieren zu können. Die „Libelle" ist Bestandteil des Wendezeigers und ist auch oft auf der Frontseite des künstlichen Horizontes untergebracht. Die Stahlkugel in dem mit Dämpfungsflüssigkeit gefüllten Glasröhrchen zeigt die Richtung des Scheinlots an. So wird die „Stilreinheit" des Flugzustands überwacht.

Triebwerksüberwachung
Auch der Betriebszustand des Antriebs muss überwacht bleiben. Es können sich Veränderungen „einschleichen", deren rechtzeitige Entdeckung Schäden oder sogar Ausfälle vermeiden hilft. In Schulmaschinen gehört ein Parameter von Anfang an zum Beobachtungsschema: der Drehzahlmesser. Es basierte in seinen frühen Jahren auf dem Prinzip des Fliehpendels – wie bei Dampfmaschinen der Regler. Später

An Übersichtlichkeit kaum noch zu über-
bieten ist dieses moderne „Glascockpit"
des A 340-600. Die Anzeige der Instrumente
ist vollelektronisch und die Übertragung
der Steuerimpulse erfolgt elektro-hydraulisch.
Die Steuersäule ist dem im Text beschriebenen
„Side stick" gewichen.

Inzwischen hat man sich an die Cockpitanzeigen in Flüssigkristall-Ausführung gewöhnt. Die Menüs können gewechselt werden, wodurch ein Mehraufwand an Anzeigegeräten eingespart wird.

mit Propellerantrieb oder Hubschrauber-Rotoren ist ein Drehmoment-Messgerät, das nach hydraulischem Prinzip arbeitet, installiert.

Kraftstoffdurchflussmesser und Tankanzeigen gehören ebenfalls zur Antriebsüberwachung. Kraftstoffdruck, Öldruck und Schmierstoff-Temperaturen sind bei mehrmotorigen Instrumenten-Panelen so geordnet, dass bei möglichen Abweichungen von den überwiegend parallel zueinander stehenden Anzeigen diese sofort auffallen. Warnlampen sind auch farblich entsprechend einer auf Flugsicherheit begründeten Philosophie angeordnet.

Der Zustand des Flugwerks ist während und nach Konfigurationswechsel für die Besatzung nicht immer sichtbar und so sind Anzeigen über die Klappenstellung, das Fahrwerk und die Trimmung auf elektrischem Wege gesichert.

Navigationsgeräte

Für das Navigieren stand anfänglich neben der Karte und dem Fahrtmesser nur der Kompass zu Verfügung. Die Orientierung fand hauptsächlich mit Bodensicht statt. Der Flüssigkeitskompass fristet zwar ein „Standby-Dasein", ist aber immer noch existenzberechtigt. Erst mit der Einführung von Sendeanlagen konnte entlang dieser Signale navigiert werden.

Ein in fast jedem Flugzeug präsentes Navigationsgerät ist als „VOR" (UKW-Sendeanlage) bekannt. Die Bodenstation sendet in Radspeichenform Signale, die im Bordinstrument als „Radiale" angezeigt werden. So kann die Richtung zur Station und bei Integration eines „DME" (Abstandsmessung) auch die Distanz dazu abgelesen werden. Diese Informationen sind auch Bestandteil von LCD-Anzeigen und sind mit einer eingeblendeten Kompassrose optisch verbunden.

Mit Einführung der Trägheitsnavigation erfüllte sich der Wunsch nach erdunabhängiger Flugführung. Hierbei werden während des Fluges innerhalb

In manchen Flugzeugen findet man noch eine Mischung aus analogen Anzeigegeräten und LCD's. Die Anzeigegeräte für Funknavigation und für Instrumenten-Anflüge sind in ihrem Aussagemuster ähnlich geblieben. Auch in LCD-Ausführung blieben die „Zifferblätter" ähnlich der gewohnten Anzeigen.

entwickelte man den Wirbelstromgenerator, der auf magnetischer Basis eine Aluminiumtrommel mitzudrehen versucht und diese Verdrehung auf Zeiger überträgt. Am Triebwerk ist ein Drehzahlgeber angeschlossen, der über größere Strecken (wie z. B. bei mehrmotorigen Maschinen) mit einem frequenzgebundenen Motor einen Hufeisenmagneten rotieren lässt, der diese Trommel berührungsfrei umfasst.

Der Anstrengungsgrad des Triebwerks – der Leistungsparameter – ist neben der Drehzahl der wichtigste. Bei Kolbenmotoren wird im Ansaugkrümmer der Ansaugdruck gemessen und im Ladedruck-Indikator angezeigt. Bei Turbinentriebwerken wie z. B.

einer kreiselstabilisierten Plattform Beschleunigungen sämtlicher Richtungen gemessen und in navigatorisch verwertbare Signale umgesetzt. Auch der Kreiselkompass stellt eine wichtige Errungenschaft in der Fliegerei dar. Seine Kreiselachse stabilisiert die manuell nach Nord ausgerichtete Rose. Die Stellung muss jedoch wiederholt neu justiert werden. Die meisten Leichtflugzeuge begnügen sich mit dem „Schnapskompass".

Mit dem Aufkommen der Satellitennavigation wurden die traditionellen Navigationsgeräte verdrängt. Doch eine Absicherung gegen den Ausfall dieser Wunschtraum-erfüllenden Einrichtung ist unverzichtbar: die Fliegerkarte.

Um die Besatzung bei längeren Flügen zu entlasten und besonders während des Instrumentenfluges die Flugführung zu übernehmen, wurde der „Autopilot" entwickelt. Die Steuerungsanlage wird nicht nur bei Geradeausflügen, sondern mithilfe der integrierten Triebwerksschubsteuerung bei vorgegebenen Steig- und Sinkflügen oder Kursänderungen eingesetzt. Es übernimmt auch Parameter des Navigationssystems und führt Landungen vollautomatisch durch. Über das FMS (Flight Management System) werden Daten des Flugablaufes eingegeben, der das Flugführungssystem folgt. Zwischendurch erforderliche oder angeordnete Änderungen werden von der Besatzung korrigiert, der weitere Flug erfolgt gemäß der neuen Daten.

Alles griffbereit

Außer der Steuerung, insbesondere der Quer- und Längssteuerung, fallen im Cockpit weitere Hebel auf. Das bei manchen Großflugzeugtypen fehlende Steuerhorn ist durch einen Einzelgriff, den „Side stick" neben den Sitzen ersetzt. Die Pedale für das Seitensteuer verblieben seit einem Jahrhundert an ihrem Platz. Auf der Mittelkonsole sitzen die Schubhebel für die Triebwerke. Herstellerabhängig sind hier auch die Bedienung von Schubumkehr, Trimmung, Flaps/Slats, Luftbremsen und Parkbremse. Auch ein Laie entdeckt schließlich davor den Fahrwerkshebel.

Steuerungsausfall – kein Grund zur Panik

Größere Flugzeuge verfügen für den Fall des Versagens einer Steuerkomponente über eine gewisse Redundanz oder „back up"-Systeme, womit eine verbleibende Steuerbarkeit erhalten bleibt. So sind z.B. Hydraulikanlagen mehrfach installiert und bei Ausfall einer Installation wird deren Aufgabe von den restlichen mit übernommen. Auch die Ruderflächen sind mehrfach angeschlossen und bei Unbeweglichkeit reicht die Aktivität der redundanten Flächen für die Fluglagekontrolle aus.

Die richtige Behandlung eines havarierten Flugzeugs während des Fluges setzt genaue Kenntnis der flugtechnischen und aerodynamischen Besonderheiten des betreffenden Flugzeugmusters voraus.

Auch mit kleineren Flugzeugen kann der Ausfall eines Steuers simuliert und trainiert werden. Das bedeutet die Nichtbenutzung des entsprechenden Ruders. Besonders beim einmotorigen Propellerantrieb des Flugzeugs treten dann die Momente in Erscheinung, die man gewöhnlich automatisch mit deren Eintreten kompensiert und somit ihre Wirkung unterdrückt.

Die Problematik des Fehlens einer Ruderfunktion betrifft weniger den Start als die Kontrolle des Reisefluges, des Sinkfluges und der Landung. Ursachen für das Verweigern eines Steuersegments können Blockaden sein, die durch Vereisung entstehen oder Beschädigung durch Fremdkörper, das Verklemmen von Steuerseilen oder Knicken von Stoßstangen sowie das banale Versagen eines Lagers. Ähnliche Schäden können unerkannt bei der Hangarierung entstehen. Bei unterbrochenem Anschluss eines Ruders an die Steuerkinematik besteht am Höhenruder immer noch die Möglichkeit, mit dem Trimmruder das Flugzeug um die Querachse zu steuern. Mit diesem Trimmsegment lässt sich das Höhenruder soweit bewegen, dass es zur Wölbung des Höhenleitwerks beiträgt und die Fluglage entsprechend aufrichtet, wie es z. B. die Landung erfordert. Die Ruderreaktion setzt natürlich wesentlich träger ein, deshalb muss man dem Flugzeug noch gedanklich „weiter voraus sein". Für die Kontrolle um die Nickachse kann auch die Änderung der Motorleistung beitragen, da die Schubachse des Propellers beim Schulterdecker unterhalb der Tragflächen liegt und beim Tiefdecker darüber. So kann ein aufrichtendes Moment oder ein Senken der Flugzeugnase bewirkt werden. Auch die Landeklappen können die Fluglage beeinflussen. Beim Ausfahren wird der Tiefdecker kopflastig, der Schulterdecker schwanzlastig. Die gesamte Reaktion hängt auch von der Höhe des Flügelabwindes ab, der hinter den Tragflächen das Höhenleitwerk leicht von oben beaufschlagen kann.

Beim Ausfall der Querruder kann das Seitenruder helfend eingreifen. Bei der Beschreibung der Momente ist auch das Wende-Rollmoment verdeutlicht, das dann auch eingesetzt werden kann, um z. B. eine hängende Tragfläche wieder aufzurichten. Auch Kurven können dadurch behutsam ein- und ausgeleitet werden, indem mit einem sinngleichen Seitenruderausschlag die Tragfläche beschleunigt wird und ansteigt bzw. wieder zurück in Normallage gebracht wird. Bei der Landung gestaltet sich die Querlagenkontrolle etwas diffiziler, weil durch diese Aktion eine Schiebelage aus der Landebahnrichtung eintritt. Maschinen mit Querrudertrimmung sind hier im Vorteil, jedoch ist hier die Reaktion um die Längsachse meist auch weniger spontan.

Der Ausfall des Seitenruders kann am besten verkraftet werden. Bei mehrmotorigen Mustern kann die einseitige Änderung der Triebwerksleistung zur Richtungskontrolle beitragen. Bei einmotorigen Propellerflugzeugen tritt allerdings bei Veränderung der Motorleistung der oft erwähnte Korkenzieher-Effekt auf, der bei geringer Fahrt, etwa bei der Landung, sowie bei erforderlichen Korrekturen die Richtungskontrolle etwas erschweren kann.

Das Innenleben – ein Blick unter die Flugzeughaut

Ein Beispiel konventioneller Flugzeugbauweise: Die Flügelstruktur besteht in der Hauptsache aus Holmen und Rippen, die durch eine drehsteife „Nase" abgedeckt werden. Ebenso wird der Rumpf mittels Spanten und Längsgurten in Form gehalten, er wird beplankt oder bespannt. Klappen- und Leitwerksegmente sind ebenfalls in Rippenbauweise gefertigt.

Bei näherer Betrachtung einer Flugzeugaußenhaut ist deren Substanz nicht immer sofort erkennbar und erst bei „Handauflegen" entpuppt sich ein ganzes Hautfeld als „Plastic" ohne die gewohnten Nietköpfe. Die tragenden inneren Gerippe bestehen in der Mehrzahl jedoch immer noch aus Duraluminium, aber auch dort ersetzen bereits Flügelkästen und Holme aus Kohlefaser-Verbundwerkstoffen die traditionellen Strukturwerkstoffe. Neben Titan werden auch an hochbeanspruchten Stellen Hochleistungskunststoffe mit geringem Gewicht eingesetzt.

Die im Flugzeugbau am häufigsten benutzten Kunststoffe bestehen zu 60% aus Kohlefasern und 40% aus Harz. Bekannt sind Wabenstrukturen, Glasfaserkunststoffe und Metall-Faser-Laminate. Die Verbundmaterialien lassen die Ausgestaltung von ungleichmäßigen sphärischen Wölbungen besser zu. Die Außenhaut erfährt eine vorzügliche Oberflächengüte – wie im Segelflugzeugbau! Dennoch können sich im Profil eines Flügels fast 50 Rippen verbergen.

Ein Großteil der Tragfläche ist als Integraltank ausgebildet, ebenso die Höhenflosse wie beim Airbus 380 und seiner Vor-

gänger. Unter der Haut verlaufen bei sämtlichen heute gebauten Flugzeugen die Steuerstoßstangen und Seile zu den Steuerflächen, wo sie knapp vor den Segmenthebeln an die Oberfläche treten. Auch die Hydraulikleitungen führen zu den Aktuatoren, welche die Steuerimpulse an die Ruder übertragen. Diese können auch bei der „Fly by wire" elektrisch angesteuert werden. Diese Übertragungstechnik von Steuerausschlägen wird bei größeren Dimensionen der Flugzeuge eingesetzt, wenn die Übertragungswege sehr lang und auf rein mechanischem Wege zu aufwendig wären. Auch bei kleiner dimensionierten Flugzeugen muss der Ausdehnungsfaktor bei Temperaturschwankungen mit berücksichtigt werden, selbst bei Steuerseilen. In der Luftfahrt werden auch lichtführende Kabel für die Erprobung der „Fly-by-light"-Steuerung zur Aktivierung der Ruderverstell-Aktuatoren eingesetzt – auch bei Drehflüglern ist dies keine Utopie mehr.

Die Rumpfstruktur wird, solange sie in Metallbauweise gefertigt wird, aus Spanten und Längsversteifungen das Stützgerüst für die Außenhaut bleiben. Doch auch diese Flächen werden zunehmend durch Verbundwerkstoffe ersetzt. Für größere Verbundstrukturen ist allerdings die Herstellung noch aufwendig und vergleichsweise teuer, wie dies bereits im Bereich der „leichteren" Flugzeugmuster deutlich wird.

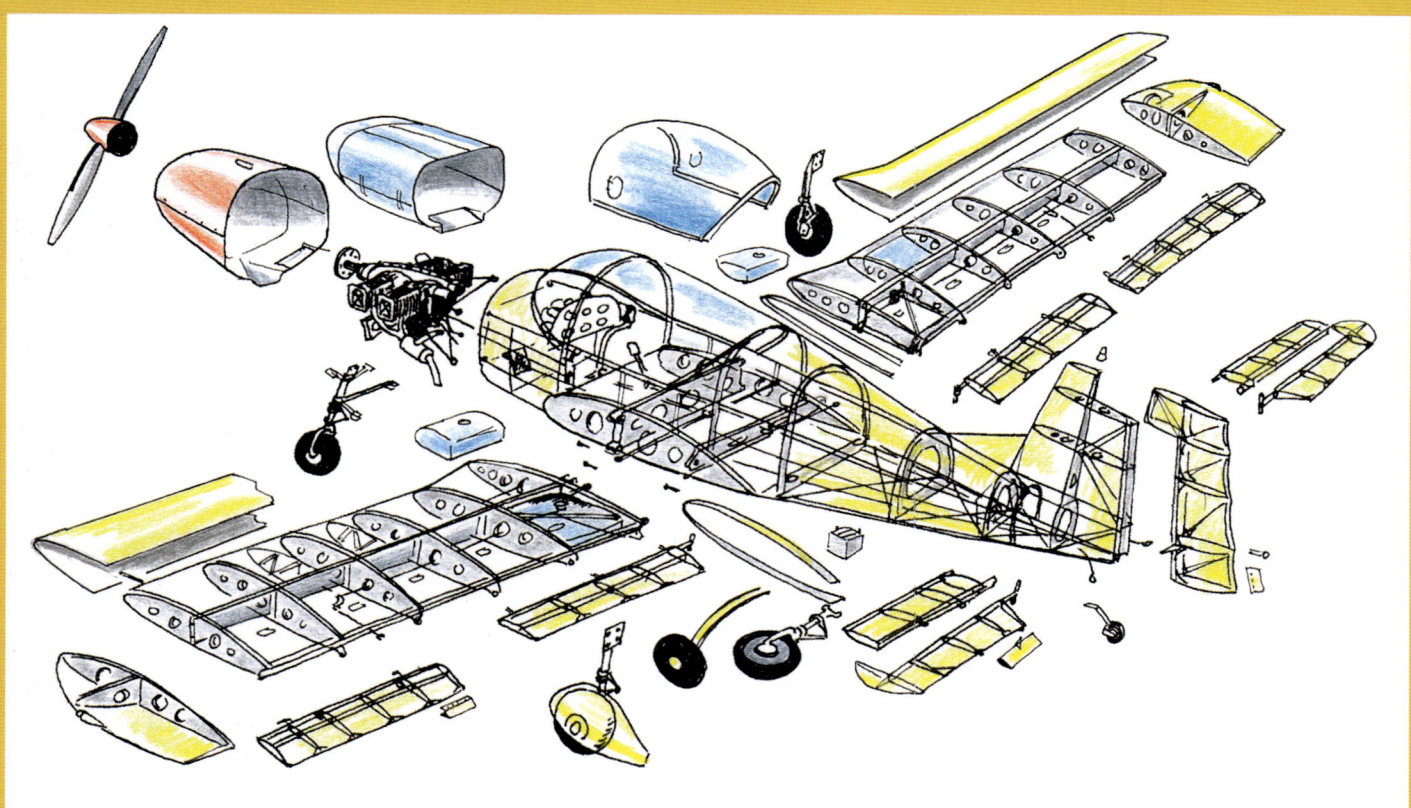

Gegenüber früheren Maschinen sehen die Anzeige-instrumente sehr „aufgeräumt" aus. Die Anordnung der Flugüberwachungsinstrumente ist beobachtungsfreundlich und das Blickfeld erfordert einen nicht allzu weiten Fokus. Auch die Reihenfolge und die zeitliche Intensität der Beobachtung und Erfassung der Abweichungen von Festwerten des Flugzustandes ist optimal durch die unmittelbare Nachbarschaft innerhalb eines sogenannten Standard-T. Dessen Hauptmerkmal ist der dominierende künstliche Horizont. Darunter sitzt der Kurskreisel mit integrierter Navigationsanzeige. Links neben dem künstlichen Horizont sitzt der Fahrtmesser und rechts von ihm der Höhenmesser. Das Standard-T wird von weiteren Geräten wie Variometer, VOR-Anzeige und ILS-Kreuzanzeige flankiert. Zwischen den Panelen mit den Flugüberwachungs- und Navigationsinstrumenten von Pilot und Copilot befindet sich die Tafel mit den Triebwerksüberwachungsanzeigen. Mit der Modifikation zum „Glascockpit" lässt sich eine Platz sparende Anordnung und Integration primärer Anzeigen verwirklichen.

Das spartanisch ausgerüstete Cockpit einer Kunstflug-Maschine. Am Gurtzeug – u. a. am sichtbaren „negative G-strap" – wird die Möglichkeit auch des Rückenflugzustandes erkennbar. Für solche Sport-Flugzeuge sieht man keine empfindlichen Kreisel-Instrumente vor, auch auf komplexe Navigationsgeräte wird verzichtet – es wird auf Sicht geflogen.

Das umfangreiche Instrumentenbrett einer zweimotorigen Messerschmidt Bf 110 F von 1943: Vollgestopft mit Instrumenten, Betätigungshebeln und Geräten, meist nachträglich eingebaut und sehr platzraubend untergebracht. Manche Instrumente sind nicht in beobachtungsfreundlicher Position am Rand des Sichtfeldes positioniert.

Die Luftschaufel – der Propeller

Wie der Propeller funktioniert

Die Idee des Propellers ist bereits uralt und seine Grundform hat sich kaum verändert. Seine Aufgabe ist es, eine Luftmasse durch seine Kreisfläche hindurch zu beschleunigen und dadurch Vortrieb zu erzeugen. Eigentlich funktioniert auch hier das Tragflügelprinzip im Kleineren. Während seiner Rotation wirken zwei Anströmkomponenten auf das Propellerprofil, das auch dem einer Tragfläche ähnelt: Die Anströmung aus der Drehebene und die senkrechte Durchströmung parallel zur Antriebswelle. Daraus ergibt sich die effektive Anströmung am Blatt und gemessen zur Profilsehne des Propellerblattes: der effektive Anstellwinkel – der „Biss" des Propellers. So wird während des Betriebes – auch wenn die Luft von vorne nach hinten fließt – das Luftschraubenblatt immer an seiner Rückseite angeströmt.

Da nun die Umfangsgeschwindigkeit zur Propellerspitze hin zunimmt und dort die Luftkräfte zu groß würden und zu Verbiegungen führen würden, sind die Blätter geschränkt, das heißt, dass sie nach außen einen abnehmenden Einstellwinkel einnehmen. So wird der Anströmwinkel den Anströmverhältnissen besser angepasst.

Diese Schränkung ist bei sämtlichen Luftschrauben beibehalten. Zur Verbesserung des Wirkungsgrades ist bei einer Verstell-Luftschraube der Ein-

stellwinkel veränderbar. Bei einer sogenannten Automatik-Luftschraube passt sich der Einstellwinkel den jeweiligen Anströmverhältnissen an. Darüber hinaus kann der Winkel auch manuell verstellt werden. Das ermöglicht beim Start einen „kleinen Gang" – kleine Einstellung mit hoher Drehzahl, die gesteigerte Einstellung für den Steigflug bei kleinerer Drehzahl und für den Reiseflug die größere mit reduzierter Drehzahl. Vergleichbar ist dieser Vorgang mit der richtigen Umgangsweise mit einem Auto. Das bedeutet auch einen wirtschaftlichen Vorteil, nämlich günstigeren Kraftstoffverbrauch bei höherer Reisegeschwindigkeit. Zum Vergleich: Auf der Autobahn fährt niemand im 3. Gang mit 130 km/h, außerdem begibt man sich auch nicht auf eine große Steigung im 5. Gang mit 80 km/h!

Der Verstellmechanismus kann hydraulisch über den Motorölkreislauf aktiviert werden. Ein Zylinder-/Kolben-Element sitzt auf der Propellernabe, wo die Verstellsegmente der einzelnen Propellerblätter münden und bei entsprechender Kolbenverschiebung eine Verdrehung der Blattwurzeln bewirken. Hier gleichen Gegengewichte auch den Einfluss der Zentrifugalkraft aus, welche den Propeller in eine andere Einstellung drehen will.

Übrigens gibt es auch Verstellpropeller, die außer der Stellung für Start, Steig- und Reiseflug weitere Einstellungen vornehmen lassen. Zur Verringerung der Landerollstrecke können die Luftschraubenblätter negativ verdreht werden, wodurch sie bei höherer Drehzahl den Propellerstrahl umkehren. Wenn ein Triebwerk Probleme entwickelt, abgestellt werden muss oder ausfällt, wäre der im Fahrtwind mitdrehende Propeller zu widerstandsreich. Also werden die Blätter in „Segelstellung" gedreht und stehen in ihrer widerstandsärmsten Einstellung in Flugrichtung.

Diese komplexere Form der Verstellvariante wird vor allem bei aufwendigeren Maschinen verwendet.

Man kann den Sound dieser Dreiblattluftschraube geradezu hören Zum Antrieb dieses kräftigen Propellers werden dem Sternmotor mehrere hundert Pferdestärken abverlangt. Gut zu erkennen sind die typische Schränkung der Luftschraubenblätter und die Ausgleichsgewichte, die zum Verstellmechanismus gehören.

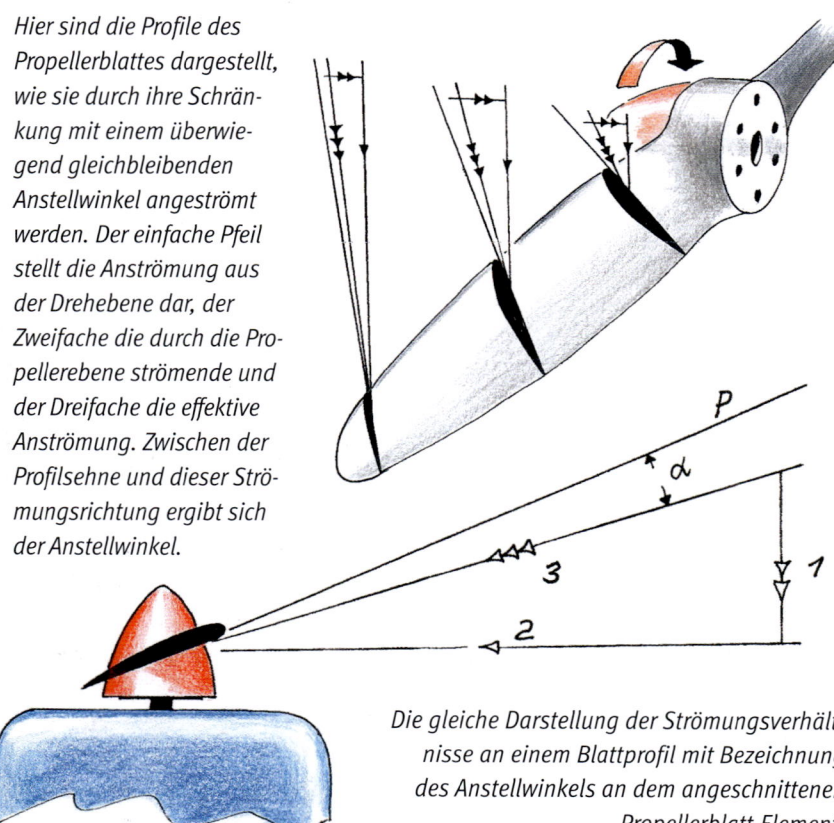

Hier sind die Profile des Propellerblattes dargestellt, wie sie durch ihre Schränkung mit einem überwiegend gleichbleibenden Anstellwinkel angeströmt werden. Der einfache Pfeil stellt die Anströmung aus der Drehebene dar, der Zweifache die durch die Propellerebene strömende und der Dreifache die effektive Anströmung. Zwischen der Profilsehne und dieser Strömungsrichtung ergibt sich der Anstellwinkel.

Die gleiche Darstellung der Strömungsverhältnisse an einem Blattprofil mit Bezeichnung des Anstellwinkels an dem angeschnittenen Propellerblatt-Element.

Die Unterschiede der geometrischen, theoretischen Steigung der Luftschraube während einer Umdrehung und der tatsächlichen, aerodynamischen Steigung.

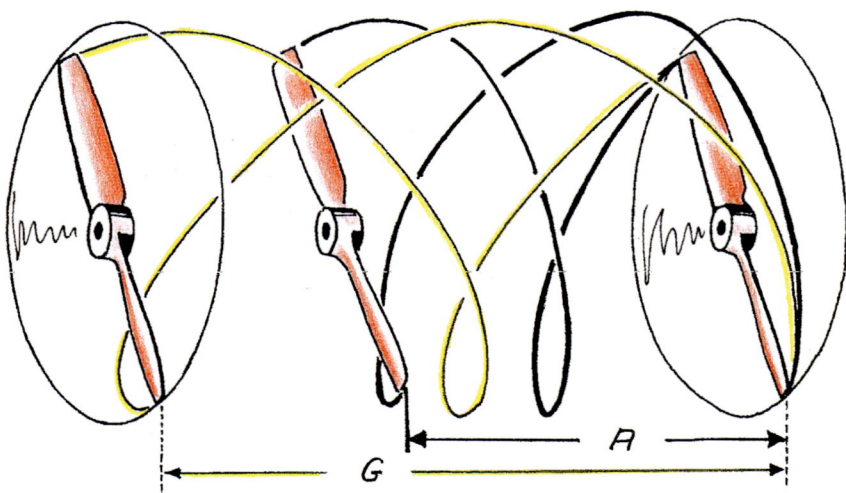

Bei kleineren Exemplaren, die nicht über eine automatisch sich verstellende Luftschraube verfügen, findet die manuell verstellbare Version Anwendung. Ohne diesen technischen Aufwand ist der starre Propeller weit verbreitet im Einsatz.

Die typischen Propeller-Effekte

Zur aerodynamischen Leistung eines Propellers ist noch folgende erklärende Betrachtung erforderlich. Die Bezeichnung „Luftschraube" verdeutlicht am ehesten den Verlauf des Weges eines Propellers innerhalb der Luftmasse. Wäre diese ein festes Medium wie weiches Wachs, würde er sich seiner Einstellung entsprechend durchschneiden. Dieser korkenzieherartige Weg entspricht seiner theoretischen Steigung. Da die Luftmasse aber nachgiebiger ist, entsteht ein Verlust, auch „Schlupf" genannt.

Der wirkliche Fortschrittsgrad ergibt die aerodynamische Leistung. Ein Vergleich hierzu: Ein auf Schnee durchdrehender Reifen schreitet auch nicht seinem Umfang entsprechend fort. Die Luftschraubentheorie kann auf sämtliche Propellertypen angewendet werden, ob sich diese aus mehreren Blättern zusammensetzen, rechteckig, trapezförmig, längsoval oder geschweift sind. In jüngster Vergangenheit griff man auf ähnliche Entwürfe zurück, die man aus der Anfangszeit der Motorfliegerei kennt und deren Blätter zur Hinterkante hin geschweift sind. Auch hier hat sich die Herstellungsweise von Holz über Metall zur Composite-Bauweise entwickelt.

Übrigens drehen die Motoren englischer und russischer sowie tschechischer Bauart in Flugrichtung gesehen links herum, jene der amerikanischen und deutschen im Uhrzeigersinn. Dementsprechend sind auch die unsymmetrischen Momente des einmotorigen Propellerantriebs in ihrer Wirkung unterschiedlich. Wenn die Luftschrauben von Turbinen angetrieben werden, beim sogenannten Turbo-Prop-Flugzeug, treten die gleichen Propeller-Effekte auf

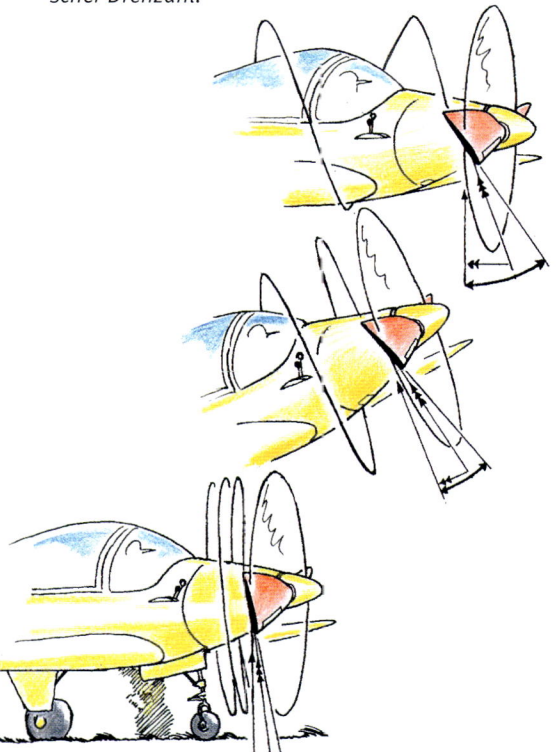

Unten: Der Start erfolgt mit hoher Drehzahl und kleiner Steigung d.h. im geringsten Winkel des Propellers. Der Steigflug findet mit etwas vergrößerter Steigung – also mit einem „höneren Gang" statt. Während des Reisefluges befinaet sich die Luftschraube in ihrer maximalen Einstellung und dreht mit ökonomischer Drehzahl.

wie beim kolbenmotorgetriebenen Exemplar. Dies betrifft auch mehrmotorige.

Die so oft betonte Kreiselwirkung des Propellers betrifft eher jene mit hoher Gewichtsmasse und bei geringem Einstellwinkel und hoher Drehzahl. Dazu muss eine abrupte Fluglageänderung die Propellerkreis-(el-)Fläche aus ihrer momentanen Drehebene zwingen, wodurch eine Präzession, also eine weitere Ausweichbewegung folgen müsste. Außer bei Akrobatikflugzeugen, bei denen dieses Moment in manchen Manövern genutzt wird, sind die Kreiselkräfte jedoch meistens von den aerodynamischen Kräften überlagert. Die Wirkung des Antriebs ist für jeden Flugzustand einkalkuliert. So besitzt der Propeller-

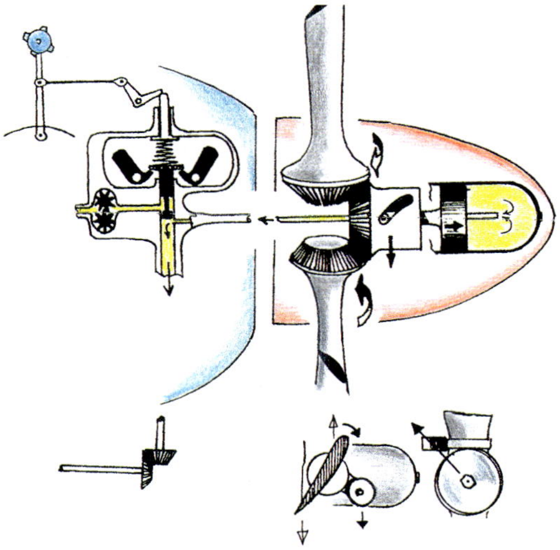

Diese Luftschraube genießt einen fast ungehinderten Abfluss ihres Strahls, da die sehr stromlinienförmige Motorverkleidung dem Propellerstrahl wenig Verdrängung entgegensetzt. Die Propellerblätter zeigen eine elliptische Form und einen kreisrunden Ausgang an den Propellerwurzeln aus der Verstellnabe.

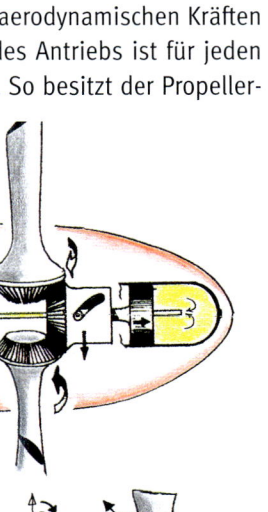

Beispiel einer Propellerverstellung mittels Öldruck. In der Propellernase ist der Zylinder mit Kolben erkennbar, der je nach Verstellrichtung über ein Langloch in der Hülse eine Verdrehung der Propellerblätter bewirkt. Die Konstanz der Einstellung regelt ein Fliehkraftpendel, das manuell übersteuert werden kann.

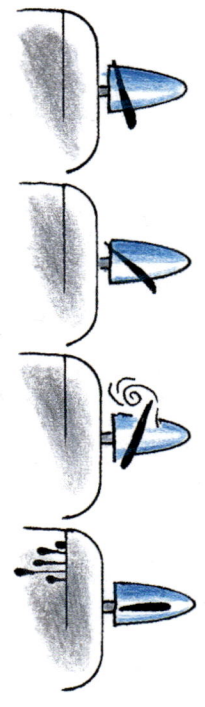

strahl die Drall in neu Drehrichtung. Dieses „Korkenziehereffekt" genannte Phänomen tritt besonders deutlich bei einmotorigen Flugzeugen in geringer Fahrt und gleichzeitig hoher Motorleistung auf. Dadurch werden das Seitenleitwerk und das Rumpfheck einseitig angeströmt, wodurch das Flugzeug ausbrechen will. Der Grund liegt in der Bauweise des

Links: Verschiedene Einstellungen der veränderlichen Luftschraube. Oben beginnend die normale Einstellung für Start und Steigflug, darunter die Stellung für den Schnellflug, folgend die Bremseinstellung und unten die Segelstellung nach Abstellen des Triebwerks.

Unten: Maschinen mit sehr kräftigen Motoren und Propellern zeigen deutliche Ausbrechtendenz während geringer Fahrt bei hoher Motordrehzahl. Zum Ausgleich der starken Propellermomente muss auch das Leitwerk ausreichend dimensioniert sein.

Leitwerks und der Gestaltung des Flugzeughecks. Da das Seitenleitwerk über dem Rumpf weitaus größere Fläche bietet als darunter, fließt der spiralförmige Luftschraubenstrahl zwar in einem spitzen Winkel gegen diese Fläche, aber drängt das Flugzeug mit diesem Hebel aus der ursprünglichen Richtung. Der Strömungsanteil, der die Rumpfpartie z. B. unter dem „konventionellen" Höhenleitwerk trifft, fließt zum größten Teil ins „Leere", bewirkt also keine ausreichende Kompensation des Dralls. Dafür wird dieses Giermoment mit dem Seitenruder vermieden. Bei steigen Geschwindigkeit wird der Luftschraubenstrahl zunehmend begradigt und trifft das Leitwerk in nur geringem Winkel, die Rest-Wirkung wird entsprechend ausgetrimmt oder ist durch bauliche Maßnahmen weitgehend kompensiert. Die Seitenflosse kann um wenige Grad versetzt – aus der Richtung aufgesetzt sein.

Eine andere Wirkung des Propellerantriebes ist als Rückdrehmoment bekannt. Rotiert die Luft-

Anstelle von Turbinen ein nostalgischer Start mit Kolbentriebwerken und Propellern am Airport von Windhuk in Namibia. Diese Propellermaschinen zeichnen sich trotz ihrer Kolbenmotoren durch vollkommene Laufruhe aus.

schraube nach rechts, tendiert die restliche Flugzeugmasse – die sogenannte Zelle – nach links um die Flugzeuglängsachse, auch „Torque-Effekt" genannt. Bei Flugzeugen mit kräftigerem Triebwerk macht sich diese Tendenz auch deutlicher bemerkbar, da das Fahrwerk der nach unten drehenden Tragfläche mehr belastet wird und (wie beim einseitig beladenen Auto) aus der Richtung zieht. Auch diese Gier erfordert mehr Seitenruderausschlag. Bei solchen starkmotorigen Exemplaren wird auch zur Kompensation der (feste) Einstellwinkel an dem „sinkenden" Flügel leicht vergrößert, um mit erzieltem Mehrauftrieb auf dieser Seite dem Rollmoment entgegen zu wirken. In der Luft, bei wenig Geschwindigkeit und hoher Motorleistung, muss gegebenen-

Der „Korkenziehereffekt" entsteht hauptsächlich bei geringer Fahrt und hoher Motorleistung. Der Propellerstrahl hat dann einen Drall, wodurch die linke Rumpfheck- und Seitenleitwerksseite stärker angeströmt wird als die rechte, was ein Ausbrechmoment erzeugt. In einer solchen Flugsituation wird diese Tendenz mit dem rechten Seitenruder kompensiert.

falls auch das Querruder zur Beibehaltung der waagerechten Lage des Tragwerks eingesetzt werden.

Bei manchen Flugzeugen kann man auch anhand der „Bügelkanten" sehen, was diese Feineinstellung am Boden aussagt. Diese Wirkung ist bei einigen Zweimotorigen durch gegenläufigen Drehsinn der Luftschrauben ausgeglichen. Damit wird auch ein weiteres „Aus-dem-Ruder-Laufen" verhindert. Bei

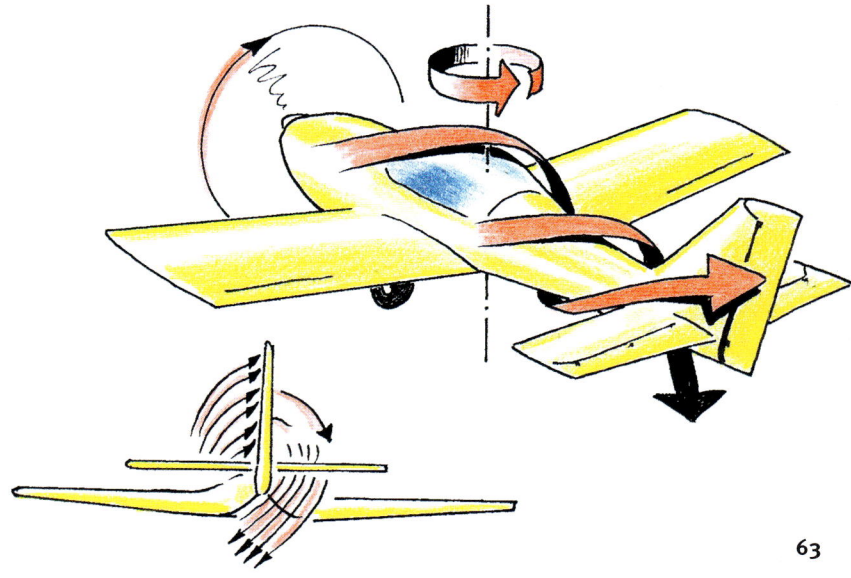

Die vom Propeller erzeugten Momente sind veränderlich und verlangen die stete Aufmerksamkeit des Piloten. Sie sind im Reiseflug weniger relevant als im niedrigen Fahrtbereich, etwa bei der Landung. Bei zweimotorigen Maschinen sind daher die Propeller oft gegenläufig.

Jedes angetriebene Element erzeugt ein Gegendrehmoment – wie hier die Luftschraube, die sich beim Antrieb an der Luftmasse abstützt und die Flugzeugzelle entgegen ihrer Rotationsrichtung um die Längsachse bewegt. So entsteht beim Start auch größerer Druck auf einzelne Fahrwerkskomponenten.

hohem Anstellen des Flugzeugs – das heißt bei großen Anstellwinkel – kommt nämlich noch eine weitere Giertendenz hinzu, wenn das Triebwerk mit höherer Leistung läuft. Hierbei wird die Propellerkreisfläche schräg durchströmt, wodurch – übertrieben vergleichbar mit der Rotorkreisfläche eines Hubschrauberrotors bei Vorwärtsfahrt – ein sogenanntes vorlaufendes und ein rücklaufendes Propellerblatt zustande kommt.

Das nach vorne unten drehende Blatt erhält mehr aerodynamischen „Biss", also größeren Anstellwinkel und erzeugt mehr Schub als das nach oben hinten drehende. Dieser unsymmetrische Schub – auch

P-Faktor genannt – führt bei rechtslaufendem Propeller nach links. Er wird ebenfalls mit dem Seitenruder ausgeglichen.

Bei zweimotorigen Propellerflugzeugen ist die unterschiedliche Ausbrechtendenz besonders ausgeprägt, da hierbei der Abstand des „nach unten vorne" drehenden Luftschraubenblattes zur Gierachse (Hochachse) gerade im Falle eines stehenden Triebwerks verschieden wirkt. So wird je nach Gierwirkung das ausgefallene Triebwerk wie in der Skizze als das „kritische" bezeichnet. Betrachtet man ein Flugzeug mit zwei – in Flugrichtung gesehen – rechtsdrehenden Propellern, so verfügt die rechte Kreishälfte des rechten Motors über einen größeren Hebelarm zur Flugzeughochachse, wenn das linke Triebwerk „steht", und zieht kräftiger nach links. Fällt das rechte Triebwerk aus, agiert die rechte Kreishälfte des linken Motors mit geringerem Hebel und veranlasst geringere Ausbrechtendenz nach rechts – als der rechte Motor nach links. Die Steuerbarkeit des Flugzeugs um sämtliche Achsen bleibt zwar aufrechterhalten, doch muss die eingeschränkte Steigfähigkeit bedacht werden.

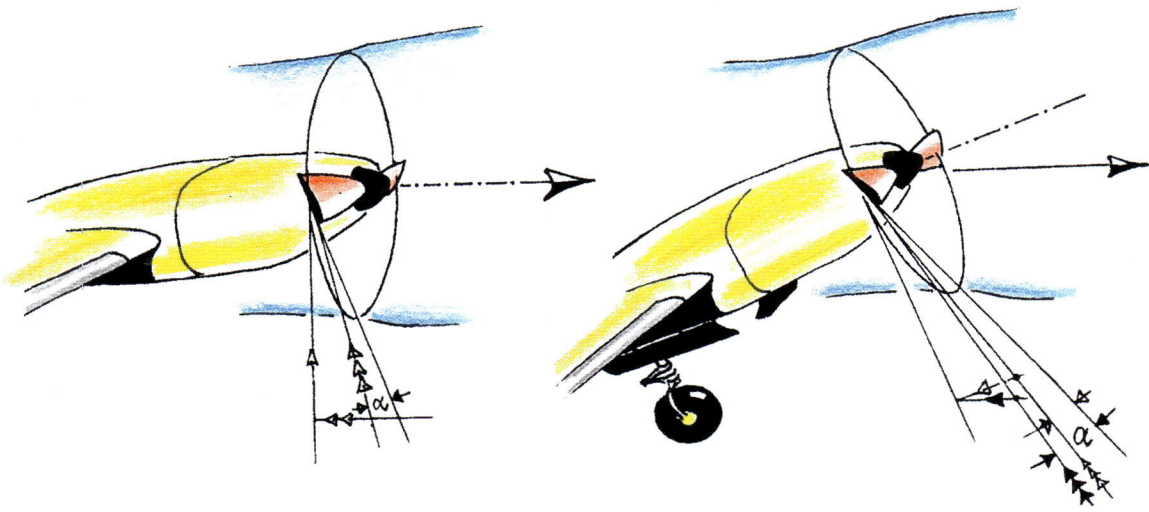

Die hellen Pfeile stellen die Strömungszustände am Propeller während des Reisefluges dar. Bei einer hohen Anstellung des Flugzeuges verändern sich diese und bewirken eine Vergrößerung des „Bisses" der Luftschraube, so dass eine unsymmetrische Wirkung des Propellerschubes bei schräger Durchströmung der Propellerkreisfläche entsteht.

Der Propellerstrahl selbst wird nicht nur zum Vortrieb genutzt, sondern auch wegen seiner aerodynamischen „Nebenwirkungen". Diese sind besseres Anströmen des Leitwerks und dadurch verbesserte Steuerwirkung, besonders bei langsameren Flugzuständen. Dazu kommen die stärkere Umströmung des Flügelwurzelbereichs und der in Rumpfnähe ausgefahrenen Klappenbereiche. Dadurch liegt hier die Strömung länger an. Bei Einziehfahrwerken stört höchstens ein Spornrad den „Slipstream".

Bei Spornradflugzeugen trifft der Propellerstrahl am Boden teilweise auf, aber die aufgerichtete Kreisfläche liefert beim Start eine vertikale Schubkomponente. Beim Flugzeug mit Bugrad stört dessen Fahrwerksbein den Luftschraubenstrahl, der allerdings während des Starts bereits frei nach hinten abfließen kann. Die Radverkleidung liegt jedoch unterhalb des Bereichs mit hoher Strahlgeschwindigkeit. Es existieren kleinere Flugzeuge, die über ein einziehbares Bugrad verfügen.

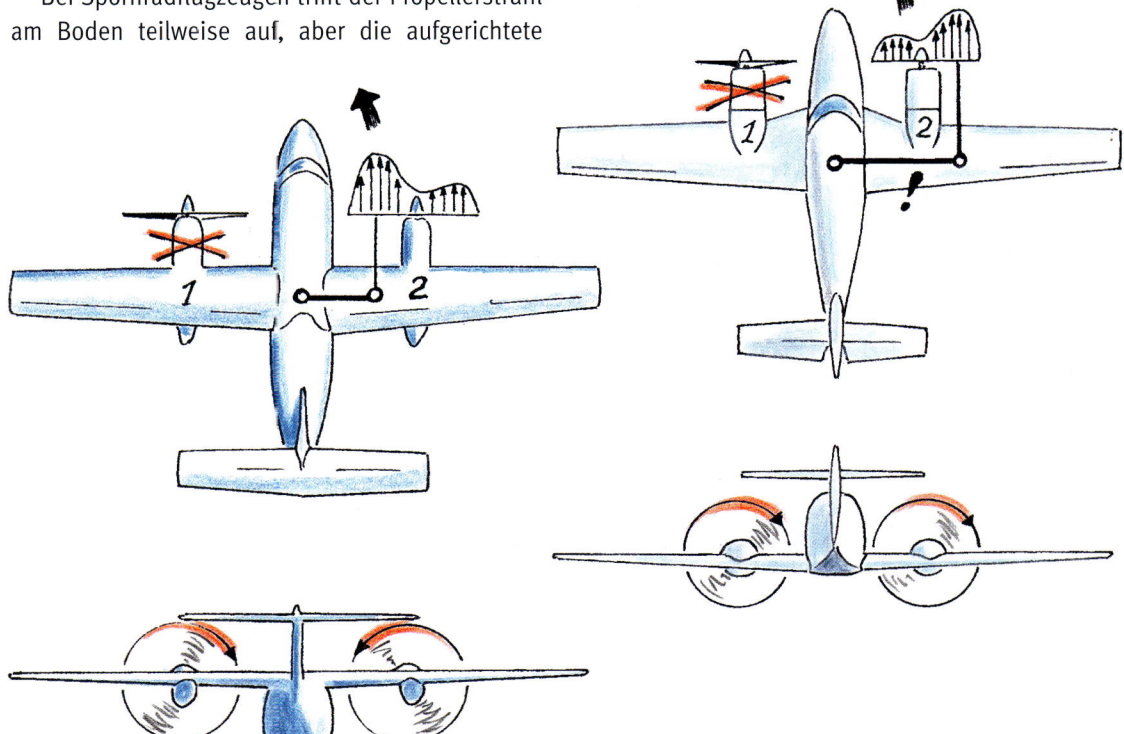

Bei Ausfall eines Triebwerkes ist bei zweimotorigen Maschinen der Drehsinn der Luftschrauben entscheidend. Bei gleicher Drehrichtung der Propeller können sich unterschiedliche Hebelarme der Propellerblätter ergeben, die im Langsamflug die Kontrolle erschweren können. Um dies zu vermeiden, installiert man Triebwerke mit gegenläufigem Drehsinn.

Vor dem Flug – kleine Triebwerkskunde

Kolben- und Strahltriebwerke

Auch wenn der Pilot sagt, das Flugzeug „hängt an seinem Propeller", wenn es sich in steil aufgerichteter Fluglage bewegt, dann ist das nur die halbe Wahrheit. Es würde nur daran solange hängen können, solange es angetrieben wird. Die Antriebsarten sind zunächst in Kolbenmotoren und Turbinentriebwerke aufteilbar. Die Kolbenaggregate haben sich aus mehreren Entwicklungsrichtungen wieder zu wenigen Konstruktionsvertretern mit nur geringen Unterschieden vereint.

Besonders bei Oldtimer-Flugzeugen erkennt man noch das gesamte Spektrum von Verbrennungsmaschinen. Man musste mehrere Kilo Motorengewicht aufbringen, um ein PS an Leistung zu erzeugen. Heute ist dieses Leistungsgewicht sehr viel leichter. Doch auch im Flugmotorenbau wurden früh wesentlich stärkere Antriebe entwickelt und ständig verbessert. Sehr aufwendige Konstruktionen mit mehreren tausend PS wurden jedoch später zunehmend von den Turbinen verdrängt und nur die unterhalb der ungefähren Stärke von 400 PS eher den Kolben-

Ein typischer Vertreter der Flugmotoren ist der Sternmotor. Seine Entwicklungsgeschichte verzeichnet sogar Exemplare mit nur drei Zylindern. Die später konstruierten und wesentlich stärkeren Sternmotoren haben neun Zylindern eine weitere Steigerung erreichte man durch bis drei zu hintereinander gekoppelte „Sterne", mit denen Leistungen von mehreren tausend PS erreicht werden konnten.

triebwerken zum Einsatz überlassen. Doch nicht nur die Leistung der Strahltriebwerke war zu ihren Gunsten entscheidend, sondern auch die Zuverlässigkeit – besonders in der Luft. In den Kolbenmotoren bewegen sich zwar auch einzelne Teile in gleich bleibender Richtung, aber einige auch in ständig wechselnder Belastungsrichtung und Stärke. Dies kann zu früherem und stärkerem Verschleiß führen, der im Vergleich zur höheren „Laufkultur" einer Turbine oft kaufentscheidend beim Luftfahrzeug wird. Die Achillesferse der Turbine ist meist der „heiße" Teil, dessen Bereich ständig sehr hohen Temperaturen ausgesetzt ist.

Wie der Kolbenmotor funktioniert

Der Kolbenmotor arbeitet nach dem einfach zu verstehenden Prinzip, wobei durch die Entzündung der Gemischmenge Bauteile in kontrollierte Bewegung versetzt werden.

Die Hauptbestandteile sind Zylinder, in denen sich Kolben bewegen. Die Kolben sind durch eine Pleuelstange mit der Kurbelwelle verbunden. Diese ist im Kurbelgehäuse gelagert und endet am Propellerflansch oder mündet im Untersetzungsgetriebe. Der Zylinder ist am Motorgehäuse angeschraubt und oben durch den Zylinderkopf geschlossen. In diesem sind Ventile eingebaut. Die Auf- und Ab-Bewegungen des Kolbens im Viertaktprinzip – wir gehen von einem „stehenden" Zylinder aus – werden im Betrieb von der Pleuelstange über die Kurbelwelle in Drehbewegungen umgesetzt.

Wartungsfreundlicher geht es nicht: alle äußeren beweglichen Teile sind übersichtlich und – nur im Stillstand – auf richtigen Sitz und zulässiges Spiel zu überprüfen. Die offene Ventilsteuerung und die Kipphebel der einzelnen Zylinder waren lange Zeit das Charakteristikum der Sternmotoren. Erstaunlich ist auch das geringe Ausmaß des Motors im Verhältnis zum dicken Flügelprofil.

Die Ventile werden über eine Nockenwelle gesteuert. Deren unterschiedlich erhabene Flanken drücken über Kipphebel die Ventilstößel entsprechend der Takte gegen Federkräfte und öffnen die Ventile. Die Nockenwelle wird bei Reihenmotoren durch Stirnräder oder durch eine Königswelle angetrieben und dreht mit der halben Kurbelwellen-Drehzahl.

Durch die Rotation der mit Nocken besetzten Welle sind auch die Öffnungs- und Schließzeiten der Ventile gesteuert. Sie ist übrigens bei Automotoren unter der Ölfüllkappe sichtbar. Bei mehreren Zylindern sind diese entweder in Sternform oder in einer oder zwei Reihen auf dem Motorgehäuse montiert. Großvolumige Motoren bestanden aus vier Zylinderreihen. Auch Sternmotoren setzten sich aus bis zu vier Sternmotoren hintereinander zusammen. Beim verschiedenen Stern greifen die Pleuel der einzelnen Kolben auf ein Hauptpleuel. Dieses „fasst" die Hübe aller Kolben und setzt sie auf der Kurbelwelle in Drehbewegung um. Beim Reihenmotor greifen die Pleuel in Abständen in die Kröpfungen der längeren Kurbelwelle. So drücken z. B. auch ein oder zwei Kolben den Kurbelzapfen abwärts, während dabei andere aufwärts geschoben werden. Auch bei den sogenannten Boxermotoren, bei denen sich mehrere Zylinder gegenüber liegen, wird die Umdrehung nach dem gleichen Procedere beibehalten.

Zündung und Kühlung

Die Zündung ist von der Batterie und vom Generator unabhängig und funktioniert über zwei Zündkerzen

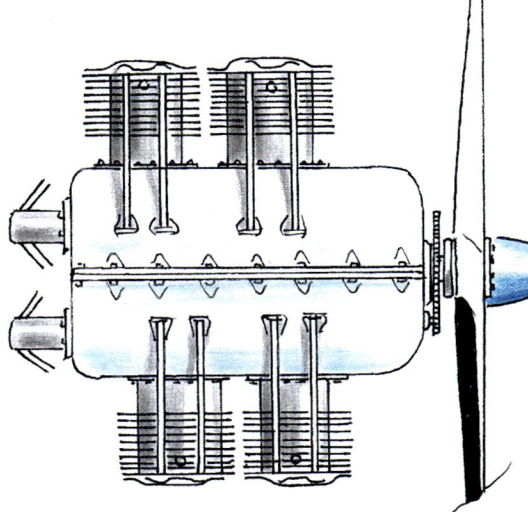

links: Ein historischer Sternmotor aus französischer Fabrikation.

rechts: Draufsicht auf einen typischen Boxermotor, wie er bei den meisten leichteren Flugzeugen verwendet wird. Bei mehreren Zylindern und stärkeren Triebwerken wird oft auch ein Untersetzungsgetriebe vorgebaut. Die Kühlluft vom Propeller wird entlang der Kühlrippen geführt.

pro Zylinder. Zur Leistungsverbesserung und aus Sicherheitsgründen versorgen zwei Zündmagneten das Zündsystem. Diese werden über das Zahngetriebe am Geräteträger des Motors angetrieben. Der Zündstrom baut sich nach dem Induktionsgesetz auf. Ein Läufer dreht in einem Magneten und erzeugt ein wechselndes Magnetfeld. Ein Unterbrecher trennt den Strom zum geeigneten Zeitpunkt und der Verteiler steuert zum erforderlichen Zeitpunkt und in der vorgesehenen Reihenfolge den Zündstrom. In der Zündspule entsteht der hochgespannte Strom und ein Kondensator verhindert frühzeitige Funkenbildung.

Fällt ein Zündmagnet aus, kann mit dem verbleibenden der Flug bis zum nächsten Flugplatz fortgesetzt werden, es ist allerdings dabei mit verminderter Motorleistung zu rechnen. Die Funktion der Zündmagnete wird vor jedem Start überprüft.

Häufig wurde die Wasserkühlung oder Glycol-Lösung wie im Automotor vorgezogen, das Kühlmittel wurde im dem Fahrtwind oder Propellerstrahl exponierten Kühler unter der Maximaltemperatur gehalten. Der Aufbau war um einiges gewichtiger. Die Luftkühlung hat sich bei den meisten Flugtriebwerken früh durchgesetzt, denn Luft kann nicht „auslaufen" wie Kühlerflüssigkeit bei Leckagen. Sie muss nur zur Verteilung geführt werden, wenn auch etwas widerstandsreicher. Die bei den Verbrennungsvorgängen

in den Zylindern entstehende hohe Temperatur wird über Kühlrippen an die vorbei streichende Luft abgeführt. Der Sternmotor hat den Vorteil der gleichmäßig der Kühlluft ausgesetzten Zylinderformation. Beim „langen" Reihenmotor ist meist der hinterste Zylinder der „heißeste".

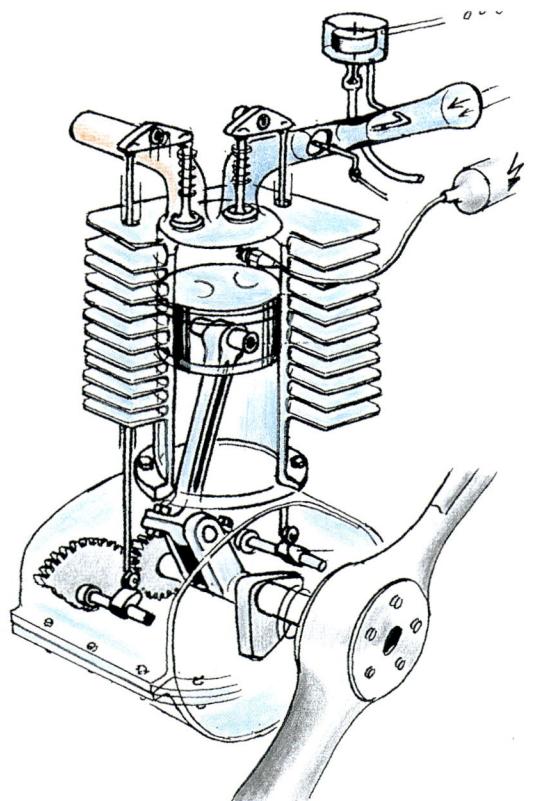

Aufbau eines Zylinders mit Kolben und Pleuelstange, welche die Hin- und Herbewegung in eine Drehbewegung umwandelt. Die Kurbelwelle ist mit einer Kröpfung und einem Ausgleichsgewicht versehen. Sie wirkt direkt auf den Propeller. Die Nockenwellen wirken auf die Kipphebel und steuern die Ventile. Rechts ist die Gemischzuführung, links der Abgasauslass.

Boxermotoren sind auch in kleinster Ausführung ausreichend leistungsstark, um ein Kleinflugzeug in der Luft zu halten. Der Strahl des starren Propellers und der Fahrtwind reichen zur Kühlung der herausragenden Zylinder vollkommen aus. In den meisten Fällen sitzen die Auspuffkrümmer vor den Gemisch- Zuführungsrohren.

Das Triebwerk eines frühen Motorflugzeugs: Hier musste noch erhebliches Materialgewicht aufgebracht werden, um genügend Leistung zu erzeugen.

Bei aufwendigeren Maschinen wird der Kühlluftdurchsatz der Motorverkleidungsräume durch manuell oder thermostatisch gesteuerte Luftklappen zugeteilt.

Wer gut schmiert – der Ölkreislauf

Betrachtet man einen Flugmotor wie jenen einer

kleinen „Cessna" oder „Piper" bei entfernter Motorverkleidung, sieht man hinter dem Propeller das Kurbelgehäuse mit seinen vier oder sechs Zylindern. Das Schmiersystem fällt dabei nicht auf, da es üblicherweise keine Spuren hinterlässt. Wo versteckt es sich? Die Ölmenge, die den Kreislauf versorgt, ist in der Ölwanne untergebracht. Diese wird vom Unterteil des Motorgehäuses gebildet. Von hier aus werden unter Druck die Schmierstellen versorgt. Das Öl gelangt über Zuführungskanäle zu den Gleitpaaren oder über Düsen, wo es an die Reibungsstellen gesprüht wird. Auch die Kurbelwellen besitzen je nach Konstruktion oder Ausmaß Ölzuführungskanäle, die über Kurbelwellenlager geschmiert werden. Die Ölversorgung kann auch durch drehende Teile mit dem ausschleudernden Schmiermittel erfolgen.

Die Gemisch-Ansaugrohre einiger Motorversionen werden durch die Ölwanne geführt, um das Öl zu kühlen. Gleichzeitig wird das hindurchgeführte Kraftstoff-Luftgemisch oder die Ansaugluft angewärmt. Die Aufgaben des Ölkreislaufs sind neben dem Hauptzweck der Schmierung die Kühlung, die Dämpfung (wo Metall auf ähnliches Material trifft),

die Ausspülung der durch Abrieb entstehenden Fremdkörper, die Abdichtung und der Korrosionsschutz. Die Kühlung des Öls erfolgt durch einen Kühler, der im Luftstrom liegt oder dem Propellerstrahl ausgesetzt ist und dessen Durchfluss der Betriebstemperatur entsprechend durch ein Ventil geregelt ist. Auch die Ölwanne eines Boxer- oder Reihenmotors liegt im Luftstrom des Propellers und des Fahrtwindes.

Die Mischung macht's

Die Gemischbildung aus Kraftstoff und Luft funktioniert auf unterschiedliche Art. Durch den Ansaugschacht am Rumpfbug oder am Vorderteil der Motorverkleidung, der auch im Luftschraubenstrahl liegt, fließt die Luft zu einer Engstelle und wird durch den bereits erwähnten Venturi-Effekt „verdünnt". Durch dieses Vakuum wird aus der Hauptdüse des Vergasers der Kraftstoff gesaugt und anschließend mit der einfließenden Luftmenge vermischt. Das Mischungsverhältnis Sprit zu Luft beträgt ca. 1:15, damit die Zündfähigkeit gegeben ist. Die Mixtur wird nun unter Sog – der Kolben macht's – dem oder den Zylindern zugeführt.

Eine andere Variante der Gemischaufbereitung sieht eine Einspritzung des Kraftstoffes vor dem Einlassventil in die angesaugte Luftmenge vor: die indirekte Einspritzung. Eine andere Zuführung des Sprits erfolgt durch eine direkt am Zylinderkopf einspritzende Düse, die geregelt zum richtigen Zeitpunkt die „passende" Kraftstoffmenge mit der in den Zylinder geflossenen Luftmasse vermischt. Dann erfolgt die Zündung. Das Mischungsverhältnis ändert sich mit der Flughöhe. Wenn der Anteil des Kraftstoffes zu hoch wird, man nennt das Gemisch zu fett. Es wäre in größerer Höhe nicht mehr zündfähig. Deshalb muss es mit zunehmender Höhe und auch wieder während des Sinkfluges angepasst werden. Dies kann manuell geschehen oder über eine barometrische Druckdose die ihre Veränderung an den Kraftstoffdurchfluss leitet. Nur so kann man die beste Leistungsausbeute erreichen und Sprit

sparen, denn ohne diese „Abmagerung" hätte man für den Reiseflug in einer Höhe von 15.000 Fuß nur noch etwa 50 % der Leistung verfügbar. Mit Hilfe der Mixtur-Anpassung leistet der Motor jedoch in 20.000 Fuß Höhe noch knapp 60 % seiner Kraft, die er sonst in Meereshöhe leistet.

Zur Verbesserung der Leistung in größerer Flughöhe kann eine Radialverdichterstufe, die zum Beispiel an der Kurbelwelle montiert ist, die Aufladung der Zylinder steigern. Der Füllungsgrad in den Zylindern kann auch zusätzlich durch einen Turbolader gesteigert werden. Hierbei werden die Auspuffgase durch eine Turbine geleitet, die einen Verdichter antreibt. Die verdichtete Luft fließt durch einen Kühler zu den Zylindern. Der gesamte Vorgang wird über einen Regler und ein „Waste gate" (Abblasventil) gesteuert. Übrigens können beide Komponenten in einem Kolbentriebwerk eingebaut sein.

Hier sind die äußeren Bauteile eines Sternmotors gut erkennbar. Hinter dem Propeller ist der Auspuffsammler montiert. So wird dieser gekühlt und der Wärmehaushalt des Motors in Grenzen gehalten, der seine Zylinderköpfe aus der Verkleidung streckt. Diese zeigen Ventilstößelstangen, Kipphebel, Ventilfedern, Gemischzuführungsrohre und die Zündkabel mit den jeweils zwei Zündkerzen pro Zylinder. Das Kurbelgehäuse ist am Brandschott montiert.

mindern, dann werden die Tragflächentanks zugeschaltet. Es existieren auch Tanks in den Höhenleitwerks-Flossen, die zudem als Trimmeinrichtung agieren.

Wie bei den größeren Flugzeugen wird auch bei den leichteren Exemplaren der Sprit – wo es möglich ist – durch Einwirkung der Schwerkraft und zusätzlich von Pumpen durch Filter zu den Gemischaufbereitungsanlagen gefördert. Genauso wie für Kolbenmotoren muss auch das für Turbinen erforderliche Kerosin für den Verbrennungsvorgang zerstäubt werden. Die Funktion einer Turbine kann auch mit dem Arbeitsprinzip eines Viertaktmotors verglichen werden.

Der Strahlantrieb

Der Reaktionsantrieb funktioniert im Prinzip ähnlich wie die mit hoher Geschwindigkeit aus einem Ballon ausströmende Luftmasse. Auch die Abgase von Turbinen treten mit sehr hoher Geschwindigkeit aus. In beiden Fällen entsteht ein Rückstoß oder Antrieb entgegen der Rückstoßmasse. Das Fluggerät wird geschoben. Es gibt auch Möglichkeiten, bei denen die Energie in Drehbewegung für den Antrieb von Propellern (oder Hubschrauberrotoren) umgesetzt wird.

Aufbau und Funktion
Der Aufbau der Turbine hat viele Wandlungen durchlaufen. Ihr Funktionsprinzip hat sich jedoch seit ihrem Erstentwurf nicht geändert. Die relativ einfache Konstruktion ließ unzählige Verbesserungen zu und ermöglichte innerhalb kurzer Zeit große Leistungssteigerungen. Schwachstellen boten allerdings die Mate-

Die Strahlturbine ist bei kleineren Flugzeugen im Rumpf untergebracht. Die Lufteinlässe befinden sich entweder am Rumpfbug oder wie hier gezeigt seitlich. Bei größeren Flugzeugen sind die Triebwerke in Gondeln an den Tragflächen oder an Trägern mit dem Rumpf verbunden.

Der Kraftstoff ist in Tanks innerhalb der Tragflächen und im Rumpf untergebracht. Die Tankzellen sind separate Behälter, die auch bei kleineren Flugzeugen möglichst in Schwerpunktnähe gelagert sind, damit während des Verbrauchs keine eklatanten Lastigkeitsänderungen auftreten. Die Zellen in den Flügelstrukturen sind je nach Typ mit einem Teil des Profils identisch und heißen „nasse" Flügel. Die Kraftstoffbehälter müssen gleichmäßig aus beiden Flügeln entleert werden, um die Querlage nicht nachteilig zu beeinflussen. Bei Großflugzeugen wird zuerst der Inhalt des Haupttanks im Rumpf genutzt, um das Tragflügel-Biegemoment zu

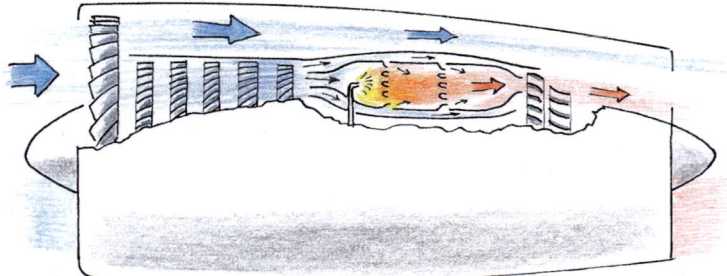

Die angesaugte Luftmasse fließt durch mehrere Verdichterstufen und erreicht vor der Brennkammer ihre höchste Kompression. Dort wird Kerosin eingesprüht und mit Luft vermischt. Die Zündung erfolgt über eine Zündkerze. Das expandierende Gas strömt aus der Brennkammer und trifft auf die Turbinenstufen, die auf derselben Welle wie der Verdichter sitzen. Die austretenden Gase erzeugen den Rückstoß. Ein Großteil der Ansaugluft umspült den Turbinenkörper zur Kühlung.

rialien, die erst noch für die sehr hohen Temperaturen optimiert werden mussten. Zusätzlichen verschiedenen Metall-Legierungen wurde Keramik für die Turbinenschaufeln eingesetzt. Neben der Hitzebeständigkeit mussten diese den enormen Zentrifugalkräften widerstehen können. Auch die Strömungsverhältnisse passten sich den Leistungsanforderungen während des Fluges nicht immer sofort an. Triebwerke heutiger Bauart sind jedoch toleranter und „schlucken" auch manchmal robuste Umgangsweise. Gehen wir die einzelnen Arbeitsgänge (Takte) durch:

Der Ansaugtakt beginnt eigentlich vor der Lufteintrittsöffnung. Der Kompressor kann aus mehreren hintereinander befindlichen Axialstufen bestehen. Hier wird die inhalierte Luftmasse verdichtet. Zwischen den einzelnen „Läufern" wird die Strömung durch sogenannte Statoren oder Leitstufen geführt. Hinter dem Verdichterteil fließt die komprimierte Luftmasse in die Brennkammer, in der durch eine entsprechende Düse das Kerosin eingesprüht wird und sich mit der Luft vermischt.

Die anfängliche Zündung erfolgt wie beim Kolbenmotor durch eine Zündkerze, die nach Einsetzen des Verbrennungsvorganges und Erreichen der „Selbstdrehzahl" der Turbine abschaltet. Die nun „stehende" Verbrennung der hier konstant entstehenden Mischung führt genauso wie im Viertaktmotor zur Expansion der Gase, die jetzt aus dem verengten Flammrohr ausströmen und mit erhöhter Geschwindigkeit und hohem Druck auf die Turbinenstufen treffen, somit diese in Rotation halten. Auch zwischen den Turbinenläufern stehen Leitschaufel-

Diese beiden Strahltriebwerke können ihren Schub durch nachträgliche Einspritzung von Kraftstoff um über die Hälfte erhöhen. Im Normalbetrieb erhöhen veränderliche Austrittsdüsen durch Querschnittsverengung die Strahlgeschwindigkeit wesentlich und halten das Flugzeug bei hoher Geschwindigkeit. Der Nachbrenner wird für den Start und Manöver mit Höchstleistung zugeschaltet.

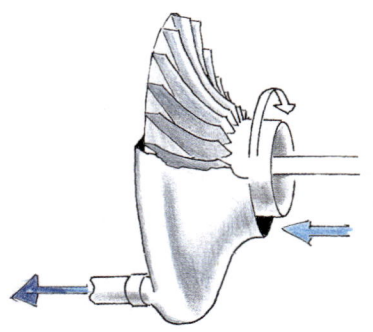

Oben: Ein Radialverdichter funktioniert ähnlich wie ein Staubsauger. Die Luft wird um die Welle herum angesaugt, durch die Lamellen radial nach außen beschleunigt und verdichtet der Brennkammer zugeführt.

kränze, wo ebenfalls eine Beschleunigung stattfindet. Der auf derselben Welle sitzende Verdichter wird hierdurch konstant in Drehung gehalten und sorgt durchgehend für die Zufuhr verdichteter Luft. Hinter den Turbinenstufen, also nach dem Arbeitstakt, verläuft der Auspufftakt, wobei die ausgestoßene Masse den Rückstoß erzeugt und das Flugzeug in Bewegung versetzt.

Beim Durchfluss der Luftmasse teilt man diese in Primär- und Sekundärluft. Die Primärluft wird hauptsächlich für den Verbrennungsvorgang zugeführt. Die Sekundärluft ummantelt den Verdichterteil, übernimmt die Kühlung von Triebwerkssektionen und wird von außen durch Schlitze oder speziell geformte Öffnungen in die Brennkammer so gelenkt, dass die Flamme so in ihrer Form stabilisiert wird und keine Überhitzung des Brennkammermaterials

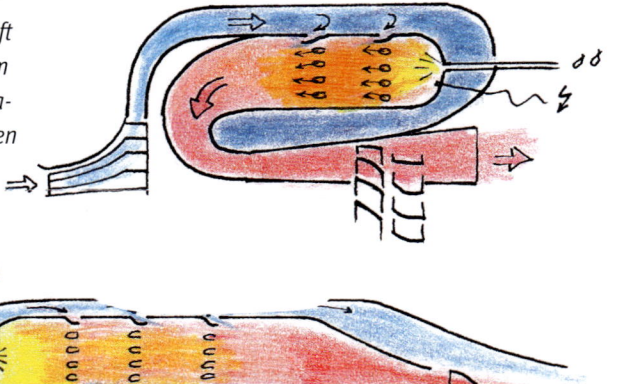

Mitte: Die Form der Brennkammer hängt auch vom Verwendungszweck ab. Bei der reinen Strahlturbine zur Rückstoßerzeugung wird meist die gerade Brennkammer angewandt. Bei Propellerturbinen wird die Bauform durch eine ringförmige Brennkammer verkürzt.

aufkommt. Bei den sogenannten Bläsertriebwerken umhüllt der äußere kalte Mantelstrom den inneren heißen Abgasstrahl und wirkt geräuschmindernd.

Während in früheren Jet-Triebwerken von Überschallmaschinen etwa ein Dutzend Verdichterstufen und hinter der Brennkammer noch ein paar Turbinenstufen auf einer Welle rotierten und allerdings auch ohne Nachbrenner gewaltigen Schub erzeugten, ist mit heutigen Zweiwellentriebwerken auf sehr einfache Entwurfsart erstaunliche Leistung zu erreichen. Dieser Triebwerkstyp saugt mit einem Radialverdichter die Luftmasse an und leitet sie über Zuführungsrohre zur Ringbrennkammer. Dort wird Kraftstoff eingesprüht und der Verbrennungsvorgang wird – im Schnitt betrachtet – in einer „S-Kurve" durch diese geführt und trifft auf die Turbinenschaufeln. Hinter dieser Stufe dreht eine andere Turbinenstufe, die auf einer Welle rotiert, die in der Hohlwelle der ersten lagert und am vorderen Ende in ein Untersetzungsgetriebe mündet. Aus diesem führt die Antriebswelle entweder für den Propeller oder für das Hauptgetriebe des Hubschraubers heraus. Die durch die gesamte Turbinensektion führende Welle treibt u. a. auch mit reduzierten Drehzahlen Starter-Generator, Kraftstoff-, Hydraulik- und Ölpumpen an.

Diese letzte Turbinenstufe wird von der vorletzten „Gaserzeuger" genannten Turbine angeblasen und wird als Arbeitsturbine bezeichnet. Eine solche relativ einfach aufgebaute Turbine kann z. B. bei einem Eigengewicht von ca. 100 kg eine Leistung von fast 700 Wellen-PS erzeugen.

Diese auch als Freilaufturbine bezeichnete Version verwendet ihre Kraft auf den Antrieb rotierender Auf- und Vortriebskomponenten, während an den Auslassrohren nur ein Restschub entsteht. Man hat diese Konstruktion als großes Strahltriebwerk für Großflugzeuge als System mit drei ineinander lau-

Links: Verdichterstufe des senkrecht startenden Transporters Dornier Do-31: Die Kanten des Einlaufes sind stark abgerundet, damit in keiner Flugsituationen ein Strömungsabriss entstehen kann.

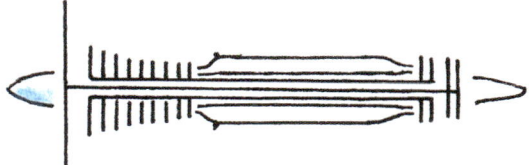

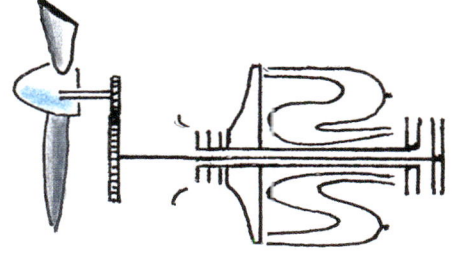

fenden Wellen entwickelt. Gut erkennbar sind bei einigen dieser Antriebe die ersten Verdichterstufen – einem riesigen Ventilator ähnlich. Der Niederdruckverdichter treibt die innere Welle an, auf deren Ende die Niederdruckturbine mitdreht. Hinter dem „Fan" rotiert der Mitteldruckverdichter, dessen Welle die

erste umschließt und hinten die Mitteldruckturbine treibt. Die äußere Welle trägt vorne den Hochdruckverdichter und am hinteren Ende vor den genannten Stufen die Hochdruckturbine. Die Brennkammern befinden sich zwischen Hochdruckverdichter und Hochdruckturbine.

Oben: Doppelter Radialverdichter einer Strahlturbine: Die Luft wird in Wellennähe angesaugt, die Impeller treiben die Luft nach außen, wo sie verdichtet zur Brennkammer strömt. In vielen Radialturbinen sind zwei bis drei Axialverdichter vorgelegt.

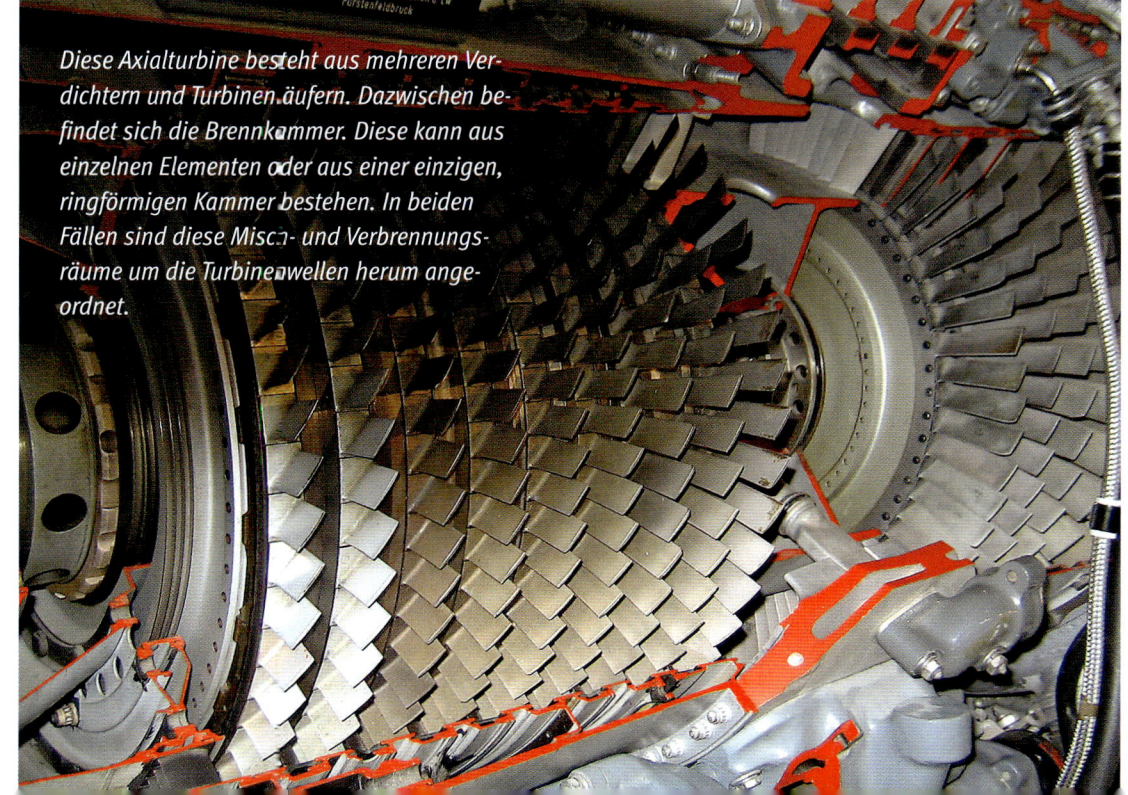

Diese Axialturbine besteht aus mehreren Verdichtern und Turbinenläufern. Dazwischen befindet sich die Brennkammer. Diese kann aus einzelnen Elementen oder aus einer einzigen, ringförmigen Kammer bestehen. In beiden Fällen sind diese Misch- und Verbrennungsräume um die Turbinenwellen herum angeordnet.

Endlich – Wir starten

Sich richtig vorbereiten

Bevor man sich zum Flugzeug begibt, sind wichtige Vorbereitungen zu treffen. Dazu gehört das Sammeln von Informationen über die aktuelle Wetterlage und über alle Lufträume, die auf dem Flugweg durchflogen, überflogen oder umflogen werden müssen. Wichtige Nachrichten für Luftfahrer betreffen auch den Betriebszustand eines Flugplatzes. Windrichtung und -stärke beeinflussen die Flugzeit, davon hängt der Kraftstoffverbrauch ab und ob z. B. bei starkem Gegenwind der Ziel-Flugplatz erreicht wird oder eine Zwischenlandung zum Auftanken eingeplant werden muss. Vor Antritt des Fluges wird das Flightlog erstellt, eine exakte Flugplanung, die alle Daten für den Flug enthält. Es sind auch Faktoren zu beachten, welche die Startstrecke beeinflussen. Dazu zählen Reibungskoeffizienten des Bahnoberfläche, ob harter Pistenbelag oder Grasnarbe und ob letztere nass oder trocken ist, frisch gemäht ist oder hohen Bewuchs hat. Da ist noch die Druckhöhe des Platzes, die Einfluss auf die aerodynamische Leistung und auf die des Triebwerks hat. Mit steigender Höhe nehmen diese Eigenschaften qualitativ ab. Eine hohe Außentemperatur verringert zusätzlich die Leistungsfähigkeit des Flugzeugs, ein Start in den Bergen bei Hitze ist erheblich schwieriger als im kühlen Flachland!

Vor dem Start eines Flugzeugs sind umfangreiche Vorbereitungen zu treffen. Nicht nur das Abheben hoch komplexer Airliner und Jets erfordert fundiertes Wissen und fliegerisches Können – auch der Start scheinbar „gutmütiger" Propellermaschinen verlangt einen kontrollierten Umgang und nichts darf dem Zufall überlassen werden. Für den Piloten besteht während des Startens eine hohe Handlungsdichte, die seine volle Aufmerksamkeit fordert.

Zustand des Flugzeugs

Vor Beginn der Flugvorbereitung ist der technische Zustand des Flugzeuges sicher zu stellen. Alle wichtigen Komponenten müssen flugklar sein. Bei geringsten Mängeln an der Maschine bleibt man am Boden, denn Sicherheit geht vor. Vor dem Anschnallen im Cockpit überprüft man anhand der Check-Liste alle einzelnen aufgelisteten Punkte – außerhalb und innerhalb des Flugzeuges. Auch das Anlassen des Triebwerks geschieht nach Liste („according to check list"). Sobald der Propeller dreht, befindet sich das Flugzeug im Betriebszustand und darf nicht mehr sich selbst überlassen bleiben.

Auf dem Weg zur Startpiste

Während des Rollens sind die dafür vorgesehenen Wege, durchaus auch auf Gras, einzuhalten. Dabei wird die Triebwerksleistung benutzt. Für Richtungswechsel benutzt man bei Spornradfahrwerken die Bremsen und gegebenenfalls das vom Propellerstrahl angeblasene Seitenruder, bei Bugradfahrwerken ist

Selbst kleine Flugzeuge müssen vor dem Start sorgfältig vorbereitet werden. Gerade Spornradflugzeuge neigen dazu, schon vor Erreichen der sicheren Abhebgeschwindigkeit den Boden verlassen zu wollen.

Erst mit zunehmender Geschwindigkeit wird der „Korkenziehereffekt" des Propellerstrahls schwächer, da der Drall zunehmend begradigt wird.

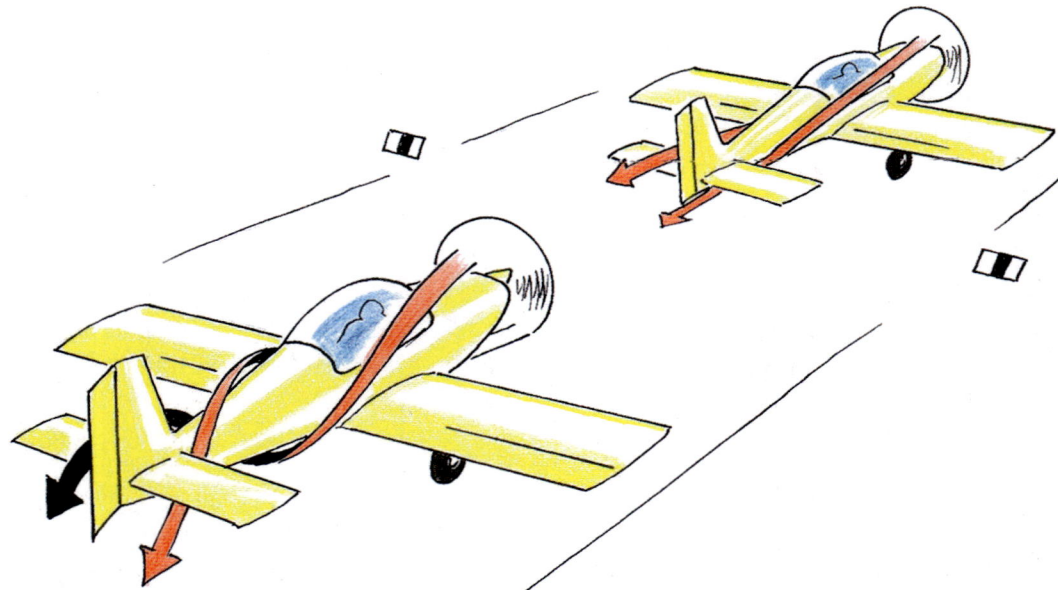

das vordere Rad oft lenkbar bzw. besitzt einen Nachlauf. Bei Zweimotorigen wird für Richtungsänderungen die Leistung des „äußeren" Triebwerks erhöht. An der Halteposition werden vor der Startfreigabe die Triebwerke und alle wichtigen Systeme und Parameter überprüft, die Steuerung auf richtige und sinngemäße Funktion, auch die Stellung der Flügelklappen und der Trimmung. Nach diesem „Run-up"-Check und der Freigabe rollt man auf die Startpiste. Hier wird das Flugzeug auf die Bahnachse ausgerichtet.

Der Startvorgang muss ohne Hektik ablaufen, wobei das Flugzeug bis zu seiner Abhebgeschwindigkeit beschleunigt und mit ruhiger Fluglageänderung von der Startpiste abhebt. Wenn irgend möglich, wird gegen den Wind gestartet.

Der Startvorgang

Mit Lösen der Bremsen und bei voller Triebwerksleistung beschleunigt das Flugzeug bis zur Abhebegeschwindigkeit. Vor dem Anliegen von ausreichender Fahrt ist bei einigen Maschinen die Richtungskontrolle mit Bugradsteuerung und Seitenruder zu bewältigen. Auch leichte einseitige Leistungsänderungen und Bremsimpulse sind im Eventualfall möglich. Beim einmotorigen Propellerflugzeug sind die typischen unsymmetrischen Kräfte bei niedriger Fahrt und hoher Motorleistung zu bewältigen, bis sämtliche Ruder genügend ansprechen.

Da heißt es zunächst, den „Korkenziehereffekt" mit dem Seitenruderpedal auszugleichen. Dieser wird mit zunehmender Fahrt begradigt und weniger wirksam, so dass der Ruderausschlag reduziert wer-

Nach dem Abheben: Das Fahrwerk wird eingezogen, die Triebwerksdrehzahl wird reduziert, die Propellereinstellung wird vergrößert und der Kraftstoffdurchfluss verringert. In etwa 60 Metern Höhe fährt man die Klappen ein und trimmt für die erforderliche Steigfluglage aus.

den kann. Starkmotorige Maschinen zeigen ihr Propeller-Rückdrehmoment mit einer Mehrbelastung des entsprechenden Fahrwerksbeins. Auch dies äußert sich in einer Gierbewegung. Nun hebt man bei Rotationsgeschwindigkeit, die vorher berechnet wurde, das Bugrad an, in dem man leicht am Höhenruder zieht.

Wenn momentan ein großer Anstellwinkel eingenommen ist, macht sich der unsymmetrische Schub der Luftschraube durch Gier bemerkbar, diese wird ebenfalls mit dem Seitenruder kompensiert. Hat das Bugrad abgehoben, wird das Flugzeug „leicht" und das ausfedernde Hauptfahrwerk verlässt den Boden. Üblicherweise wird mit Flugzeugen der Allgemeinen Luftfahrt, zu der auch unser Beispielflugzeug gehört, zunächst im Bodeneffekt weiter beschleunigt, bis entweder die Fahrt für steilstes Steigen (Vx genannt) oder für bestes Steigen (Vy genannt) erreicht ist. Der Bodeneffekt entsteht in Bodennähe, wobei sich die Tragflächen bei weniger Abstand als einer Spannweite bewegen. Dabei wird der erwähnte Wirbelzopf des induzierten Widerstandes in der Entwicklung gehemmt und begünstigt den Fahrtgewinn. Man kann das beim Papierflieger kurz vor dem Aufsetzen gut beobachten!

Die Fluglage für den Anfangssteigflug muss so beibehalten werden, dass die sichere Fahrt anliegt. Das wichtigste Kriterium ist dabei der Anstellwinkel, der nicht mit der Rumpfstellung gegenüber dem Horizont identisch ist. Auch mit Flügelklappen in Startstellung kann der Strömungsabriss bei Ignoranz der Parameter eintreten. Nach dem Einziehen des Fahrwerks in sicherem Bodenabstand

Knapp über dem Boden werden die Flügelrandwirbel in ihrer Entwicklung stark gehemmt. Dies wird für den Fahrtgewinn genutzt, bis die Geschwindigkeit für optimales Steigen erreicht ist.

79

Der Start findet immer nach dem gleichen Ablauf statt. Erst nach Erreichen der „Rotationsgeschwindigkeit" wird der Bug angehoben, wonach das Flugzeug mit „lift-off-speed" in den Anfangssteigflug übergeht.

Der gewaltige Antrieb dieser Maschine konfrontiert den Piloten mit enormen Propellermomenten beim Start.

Obwohl dieses Flugzeug sehr stark angestellt scheint, bewegt sich der Anstellwinkel an den Tragflächen hier noch deutlich im „grünen Bereich".

wird bei Motoren mit Verstellpropeller die Leistung reduziert, die Propellerdrehzahl zurückgenommen und der Gemischhebel, der das Kraftstoff-Luftgemisch regelt, wird auf geringen Kraftstoffdurchfluss eingestellt. Diese Werte sind im Flughandbuch vom Hersteller festgelegt und gehören zu dem „gebetsmühlenartig" wiederholte Repertoire eines Flugschülers.

In sicherer Höhe über Grund, meist bei 200 Fuß, fährt man die Flügelklappen ein. Dabei lässt man das Flugzeug die vorgesehene Fahrt aufholen und geht in den Steigflug mit der besten Steigrate über.

Flughöhe erreicht – Grundeinstellungen

Der Übergang in die beabsichtigte Reiseflug- oder Flugübungshöhe erfordert eine routinemäßige Vorgehensweise. Eine Faustregel besagt, dass ein Zehntel der Steigrate in Fuß unter dem Erreichen der Höhe die Flugzeugnase so gesenkt wird, dass das Flugzeug dort nun Fahrt aufholt und bis zur Reise- oder Manövergeschwindigkeit beschleunigen kann. Bei diesen Fahrtanzeigen werden wiederum die drei Parameter mit Leistungshebel, Propellerverstellung und Gemischhebel gesetzt. Zur konstanten Beibehaltung der jetzigen Fluglage wird die Höhenrudertrimmung eingestellt. Komplexere Flugzeuge besitzen Trimmsegmente außerdem für Querruder und Seitenruder.

Die Trimmruder sind bewegliche Ausschnitte in-

Bei Jets treten während des Startvorganges zwar keine unsymmetrischen Kräfte auf, die raschen Abläufe erfordern jedoch sehr zügiges Handeln. Nach dem Abheben eines kleinen Motorflugzeugs hingegen hat man ausreichend Zeit um den Steigflug einzuleiten. Vor dem Start sind auch typspezifische Verhaltensweisen zu beachten: Die „Mustang" hat einen rechtsdrehenden Propeller, die „Spitfire" einen linksdrehenden.

nerhalb der jeweiligen Ruder und bewegen dieses soweit, bis die relativ geringe Wölbung des Gesamtprofils eines Leitwerks ausreicht, eine gewünschte Fluglage beizubehalten oder für bestimmte Flugzustände eine sinnvolle unterstützende Kraft zu erzeugen. Die Trimmung ist so bemessen, dass die Kräfte vom Piloten, auch übersteuert werden können, falls sie blockieren sollte.

Diese Trimmklappen können auch zur Steuerung des gesamten Flugzeuges ausreichen. Das sogenannte Flettner-Ruder sitzt am Ende eines Ruders und bewegt bei seinem Ausschlag dieses in Gegenrichtung. Dadurch ändert sich wie bei jedem anderen Ruderausschlag das Gesamtprofil des entsprechenden Leitwerks – oder Tragflügelabschnittes und reicht für Fluglagewechsel vollkommen aus. Viele Maschinen fliegen statt mit hydraulischer Kraftverstärkung mit dieser „natürlichen" Steuerung.

Bei hoher Geschwindigkeit reichen geringe Ruderausschläge zur Fluglagekontrolle aus. Bei geringerer Fahrt werden größere Bewegungen zur Fluglagekorrektur gebraucht, diese Ruderänderungen kann man gut während des Landeanfluges, besonders bei Böeneinwirkung, beobachten.

So ist logisch, dass gerade auch die Querruder an einem wirksamen Hebelarm fungieren müssen, wie es bei größeren Flugzeugen sichtbar ist. Diese „äußeren" Querruder werden im Langsamflugbereich benutzt, während im Reiseflug die „inneren", in Rumpfnähe befindlichen Klappen die Quersteuerung übernehmen. Sie reichen bei Reisegeschwindigkeit und daher höherer Anströmung mit ihrem geringeren Hebelarm aus.

Die auf der Flügeloberseite hochfahrenden Klappen, auch Spoiler genannt, werden bei Großflugzeugen nicht nur zum Abbremsen nach der Landung, sondern auch zur Richtungsänderung während des Fluges aktiviert. Soll eine Tragfläche gesenkt werden, etwa um eine Kurve einzuleiten, fährt ein Teil dieser Segmente hoch und stört in diesem Bereich die Auftriebsbildung. Der Flügel senkt sich und durch die leichte Bremswirkung wird er gleichzeitig verzögert. Dies ergibt ein sogenanntes positives Wendemoment.

Von Kopf bis Fuß auf Auftrieb eingestellt: Dieser mit voller Bewaffnung über 20 Tonnen schwere Kampfjet nutzt sämtliche Klappen einschließlich der vorderen „Canard"-Flügel, die Nachbrenner der beiden Triebwerke, den Gegenwind und die Fahrt des Flugzeugträgers sowie dessen „Jumpdeck", um in die Luft zu kommen.

Motorkontrolle beim Kolbenmotor-Flugzeug: links der Leistungshebel, mittig die Luftschraubenverstellung und rechts der Gemischhebel. Zur koordinierten Einstellung dieser drei Leistungsparameter dienen die im Flughandbuch festgelegten Werte, die bei den entsprechenden Flugmanövern einzuhalten sind.

Die Luftkräfte kontrollieren – mit der Steuerung

Schwimmt man im Wasser und spürt bewusst die Strömungen, den Widerstand und die Dichte dieses Mediums, kann man sich das Schwimmen im Luftmeer schon annähernd vorstellen. Das kompakte Wasser erlaubt auch das Schwimmen auf der Stelle durch Kolibri- oder Hubschrauber-ähnliche horizontale Bewegungen mit der flachen geschlossenen Hand. Das erzeugt Auftrieb und ermöglicht auch die „Steuerung". Im weniger dichten Medium Luft müssen sich die auftriebserzeugenden Bauteile schneller gegen diese Masse bewegen, auch die zur Steuerung eingesetzten Flächen müssen größer sein und ausreichenden Hebel aufweisen.

Bei einigen, vor allem bei größeren oder mehrmotorigen Maschinen hatte sich ein Steuerhorn etabliert, das an Autolenker erinnert. Mittlerweile sind einige Verkehrsflugzeuge mit einem „Side Stick" ausgestattet, der exakt dem Steuerknüppel kleinerer Maschinen – auch dem eines Hubschraubers – entspricht. Das Seitenruder wird mit den Füßen bedient, jedoch genauso behutsam. Wird das rechte Fußpedal vorwärts bewegt, schlägt auch das Seitenruder nach rechts aus. Übrigens werden beim Vorwärtskippen der Pedaloberkanten mit den Fußspitzen die Radbremsen unabhängig voneinander aktiviert. Die meisten Leitwerke bestehen aus einer Flosse, an der

Für ein Flugzeug ist die Luft ein „greifbares" Medium das imstande ist, die Maschine zu tragen, solange sie aus der erforderlichen Richtung angeströmt wird – auch noch in abenteuerlich anmutenden Fluglagen. Dafür ist eine sinnvolle Steuerung eingerichtet, die es erlaubt, die gewählte Fluglage einzuhalten oder sie beliebig zu verändern – solange alle Parameter, vor allem Geschwindigkeit und Anstellwinkel, sich noch innerhalb der Betriebsgrenzen bewegen.

das Ruder gelagert ist und das Profil abschließt. Dreht sich das Rudersegment um seine Lager, bildet es mit der Flosse ein gewölbtes Profil, das jetzt eine Kraft in Richtung der positiven Wölbung erzeugt. Die Vehemenz der Ruderausschläge ist von der Ausschlaggröße und der Wirksamkeit abhängig. Die Ruderansprache eines Akrobatikflugzeugs ist verständlicherweise aggressiver als die einer „braven" Schulmaschine oder eines Reiseflugzeuges.

Die Steuerorgane sollten, um einen sauberen und koordinierten Ablauf eines Flugmanövers zu gewährleisten, gleichzeitig bedient werden. Unkoordinierte Fluglagewechsel wie z. B. bei bestimmten Wetterlagen können „weggesteuert" werden, d. h. durch angemessene Anwendung der Ruder kann die Fluglage weitgehend beruhigt werden. Autopiloten können diese Aufgabe übernehmen, manche Einrichtungen reagieren aber etwas „eckig", wonach man für besseren Passagierkomfort wieder „von Hand" fliegt.

Der Kurvenflug – ein Gleichgewicht der Kräfte

Dieses Flugmanöver wird bei allen Flugzeugen mit denselben Mitteln gesteuert. Dabei bewegt sich das Flugzeug gleichzeitig um alle seine drei Achsen. Man kann den Kurvenflug in drei Phasen betrachten: das Einleiten, das Stabilisieren und das Ausleiten.

Die Querlage und der Kurvenradius: das Einleiten

Der Kurvenradius ist abhängig von der Fluggeschwindigkeit und der Schräglage – auch Querlage genannt. Je enger das Manöver geflogen werden

Flugzeuge dieser Bauart wurden noch durch die Verwindung der Flügel und Leitwerke gesteuert. Gleichwohl funktioniert die Veränderung des Flügelprofils durch diese „Verdrehung" wie bei moderneren Flugmaschinen – zum Steuern einer Kurve wurden bereits die gleichen Ruder eingesetzt.

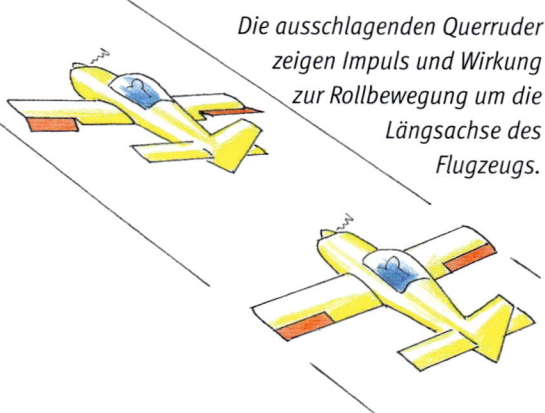

Die ausschlagenden Querruder zeigen Impuls und Wirkung zur Rollbewegung um die Längsachse des Flugzeugs.

soll, umso mehr wird die Schräglage erhöht. Die Grenze ist jene der noch zumutbaren Belastung für die Mitflieger sowie des strukturellen und des aerodynamischen Maximums unseres Flugapparats.

Auch in einer Kurve verhält sich das Flugzeug stabil, wenn die Stellung der Ruder auf die erforderliche Fluglage abgestimmt ist. Zum Einleiten der Kurve werden die Querruder und gleichzeitig das Seitenruder ausgeschlagen. Bei den meisten Flugzeugen, z. B. bei den Viersitzern, genügt meist die nur einen Zentimeter messende Veränderung der Querruder, um die Maschine in die gewünschte Schräglage zu rollen. Diese Aktion entspricht in den meisten Fluglagewechseln einer verhaltenen und überschaubaren Bewegung. Die ebenfalls leichte Seitenruderdeflektion unterstützt diese Bewegung, weil ein solcher Impuls die „äußere" Tragfläche beschleunigt und dadurch etwas Mehrauftrieb erhält. Die „innere" Fläche erfährt den gegenteiligen Effekt und wird verlangsamt.

Dieses Verhalten wird als Wende-Rollmoment bezeichnet. Bei den meisten Flugzeugen ist bei Absicht einer flachen Querlage nur ein geringer Querrudereinsatz erforderlich, um auch gleichzeitig eine Richtungsänderung herbeizuführen. Dieses „positives" Wendemoment genannte kurvensinnige Eindrehen ist auch ein Ergebnis luftfahrttypischer früherer Erprobungen. Den Anlass hierzu gab das gegenteilige Verhalten: das negative Wendemoment.

Dieses trat immer dann auf, wenn zunächst nur die Querruder ausgeschlagen wurden. So erbrachte die Tragfläche mit dem nach unten ausschlagenden Ruder Mehrauftrieb, allerdings auch mehr Widerstand und verlangsamte, während der Flügel mit aufwärts klappendem Ruder dessen Auftrieb verringerte und dieser voreilte. Dies ergab z. B. beim Einleiten einer Linkskurve zwar eine Schräglage „links", wobei aber die Flugzeugnase nach rechts gierte. Dieser unkoordinierte Flugzustand kann

Schon die Jagdflugzeuge des Ersten Weltkriegs besaßen eine enorme Wendigkeit – kaum mehr als ein Jahrzehnt nach den primitiven Flugmaschinen der Anfangsjahre!

*An diesem Wright-Doppeldecker
ist das Prinzip der Quersteuerung mittels elastischer
Flügelverwindung gut erkennbar – der linke Flügel ist deutlich
stärker angestellt als der rechte um die Fluglage wieder aufzurichten.*

*Kräftewirkung im Kurven-
flug: Die vertikalen Pfeile
zeigen Gewicht und Auf-
trieb, die horizontalen
Vektoren zeigen nach au-
ßen Zentrifugalkraft, nach
innen Zentripetalkraft. Die
Resultierende unterhalb
des Flugzeugs ist ange-
wachsen, sodass der Auf-
trieb senkrecht zum Flug-
zeug entsprechend auch
erhöht wird.*

trotzdem zu einem speziellen (später erwähnten) Landeanflugmanöver genutzt werden. Zur Unterstützung der Drehbewegung muss entsprechend das linke Seitenruder gleichzeitig eingesetzt werden. Zur Minderung bzw. Ausschluss eines negativen Wendemoments hat man die Ausschläge der Querruder unterschiedlich eingestellt und die so bezeichneten Differenzial-Querruder geschaffen. Grob betrachtet: Ausschlag nach oben: zwei Drittel des Gesamtausschlages, nach unten nur ein Drittel. Es treten dann

Die Betätigung der Steuerruder funktioniert sinngleich mit der beabsichtigten Fluglageänderung. Zieht man z. B. den Steuerknüppel, hebt sich die Flugzeugnase, bei Drücken senkt sie sich. Nimmt man eine Schräglage rechts ein, bewegt man den Steuerknüppel nach rechts. Dabei schlägt das rechte Querruder nach oben aus und verringert an diesem Flügelteil den Auftrieb, der Flügel sinkt. Das Querruder der linken Tragfläche wölbt sich nach unten und erhöht den Auftrieb dieses Flügelbereiches, die Tragfläche hebt sich – das Flugzeug beginnt eine Rollbewegung um seine Längsachse.

Vor allem militärische Erfordernisse zwangen die Flugzeug-Konstrukteure zu höherer Geschwindigkeit und noch besserer Wendigkeit – trotz zunehmenden Gewichts. Eine wichtige Eigenschaft war die Vehemenz eines Fluglagewechsels während des Kurvenfluges.

87

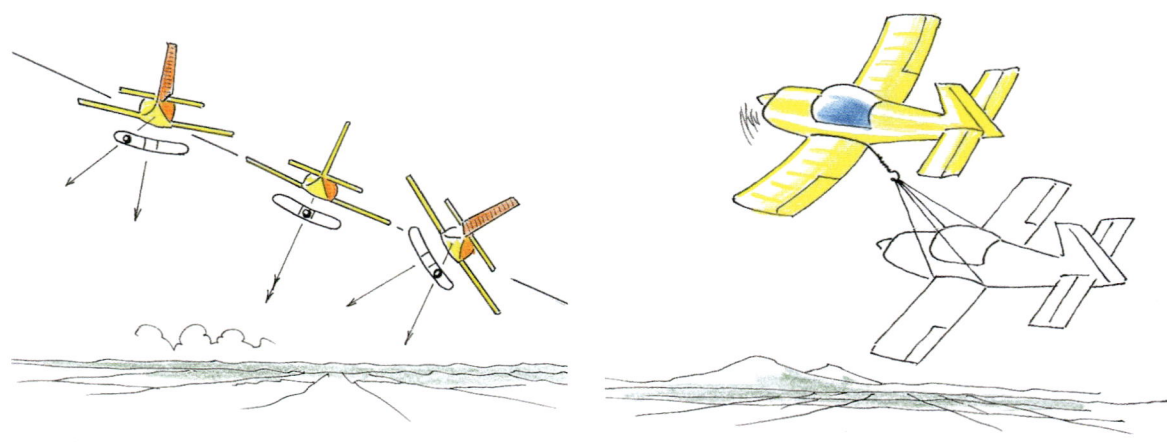

Ein banales Gerät überwacht den Kurvenflug: Eine in einer leicht gebogenen Glaslibelle bewegliche Kugel, die flüssigkeitsgedämpft das Scheinlot anzeigt, folgt stets der Wirkungsrichtung der Resultierenden aus Zentrifugalkraft und Gewicht. Rechts: Der „klassische" Fall der Belastung in einer Kurve mit 60° Schräglage: Ein Flugzeug wird hier mit dem zweifachen seines Gewichts belastet, nämlich mit 2 G.

Bei diesem Kunstflug-Jet sind die Querruderausschläge deutlich zu erkennen. Verbleiben die Ruder in dieser Position, wird das Flugzeug weiter um seine Hochachse nach links rollen, bei Zurücknahme auf Neutralstellung behält das Flugzeug die Schräglage bei, durch entgegen gesetzten Ausschlag kommt es zurück in die Horizontale.

kaum unterschiedliche Widerstände auf. Die Ruder-
profile selbst sind so gestaltet, dass sie außer einer
vollkommenen Umströmung ein beabsichtigtes Widerstandsgebaren und ein somit positives Wendemoment generieren.

In der eingenommenen Schräglage tendiert die
Flugzeugnase nach unten. Dies wird durch entsprechendes Ziehen des Höhenruders verhindert. Bei
Flug nach Sicht wird vorzugsweise der natürliche Horizont als Referenzlinie genutzt. Wenn der Abstand
zwischen ihm und der Motorverkleidungsoberkante
gleich bleibt und Höhenmesser und Variometer
„stehen bleiben", stimmt die Fluglage für die Hori-
zontalkurve. Streicht die Nase über dem Horizont
entlang, ist der Steigflug während der Kurve eingenommen und bei übertriebener Fluglage wird die
Fahrt schwinden. Bei zu tief gehaltener Nase sinkt
das Flugzeug und holt Fahrt auf.

Neben Anzeigegeräten wie dem Fahrtmesser, dem
Höhenmesser und dem künstlichen Horizont, der die
Fluglage – auch die „Schräge" anzeigt, gibt es noch
ein einfaches, aber wichtiges und zuverlässiges Gerät zur Überprüfung der „Stilreinheit" der Fluglage,
ähnlich einer Wasserwaage: Die „Libelle". Dieses mit
einer Dämpfungsflüssigkeit gefüllte, leicht gewölbte
Glasröhrchen beinhaltet eine Kugel, die entsprechend der momentanen Kraftrichtung balanciert. Sie
sollte – auch des Passagierkomforts wegen – stets in
der Mittelmarkierung bleiben. Ein Getränkeglas läuft
deshalb auch in der Kurve nicht über!

Während des Kurvenflugs: Stabilisieren

Kurz vor Erreichen der beabsichtigten Schräglage
werden die Quer- und das Seitenruder neutralisiert,
der adäquate Zug am Höhenruder wird wie erforderlich beibehalten. Während des Kurvenfluges ist wegen des größeren Kreisumfanges am äußeren Flügel
die Anströmgeschwindigkeit höher, am inneren geringer. Dieser Unterschied führt manchmal zu Roll-
tendenzen zum Kurveninneren und erfordert gegebenenfalls etwas Gegenquerruder. Einige Winkel-
grade vor dem beabsichtigten Kurs leitet man die
Kurve aus, indem Querruder zum Aufrichten und
zur Unterstützung Seitenruder benutzt werden.

*Die Konstruktion dieser Maschinen lässt enge Kurven-
radien kaum zu, sie zeigen eher bescheidene Wendigkeit und fliegen große Radien mit geringer Querlage.
Die große Streckung der Flügel macht bei relativ kur-
zem Rumpf ein großflächiges Seitenleitwerk nötig.*

*Diese für den Kunstflug entworfene Maschine erlaubt
extreme Fluglagen. Beim Einsatz solcher Flugzeuge
können Beschleunigungen von minus drei bis plus
sechs G und deutlich mehr erreicht werden. Dieser
enormen Beanspruchung muss die Maschine – und
der Pilot – standhalten können.*

Die Mustang P 51 vereinte hohe Geschwindigkeit und enorme Wendigkeit mit guter Eigenstabilität für ausgedehnte Langstreckenflüge. Diese wird vor allem durch die V-Form der Flügel erreicht, welche die Maschine im Geradeausflug um die Längsachse stabilisiert.

Das Höhenruder lässt man simultan nach. Während der Kurve treten Kräfte auf, die in einem Parallelogramm skizziert sind. Zum Gewicht des Flugzeugs kommt die Zentrifugalkraft hinzu, beide ergeben die resultierende Luftkraft. Diese Beschleunigung zerrt auch senkrecht am Sitz des Piloten. Nimmt man das Beispiel mit 60° Schräglage – welche ein Passagier nicht befürchten muss – dann steigt das Eigengewicht auf das Doppelte!

Diesem Zusatzgewicht muss entsprechend mehr Auftrieb entgegen gesetzt werden. Das erfordert Vergrößerung des Anstellwinkels und da hierdurch der Widerstand zunimmt, muss die Triebwerksleistung erhöht werden; übrigens bei jedem Flugzeug, um die Geschwindigkeit und die Flughöhe konstant zu halten.

Würde man zum Beispiel in der Kurve versäumen, den „Gashebel" wie erforderlich nachzuschieben und wollte man trotzdem die Höhe halten, ginge dies auf Kosten der Fluggeschwindigkeit, die in einer solchen Schräglage vehement schwinden würde. Denn der ebenfalls einsetzende Auftriebsverlust müsste durch erhöhten Anstellwinkel kompensiert werden. Dessen Maximum ist dann bald erreicht und bei Einsetzen der ersten Warnsymptome müssten die Maßnahmen zur Wiederherstellung des si-

cheren Flugzustandes ergriffen werden. Die Symptome sind bei den meisten Flugzeugen zumindest ähnlich: Die Warnanzeige ertönt oder leuchtet auf bei zu steiler Anströmung des Flügelprofils, das Flugzeug selbst „wehrt" sich auch bei Auftriebsschwund und „gewaltsamer" Beibehaltung der fast schon überzogenen Fluglage, indem es die Motornase nach unten zieht und selbst die extreme Anstellung verringern will. Dadurch könnte das Flugzeug wieder mehr Fahrt aufholen und sich wieder in seinem Element besser steuern lassen. Allerdings ist dieser Vorgang mit Höhenverlust verbunden. Daher sind im Kurvenflug die wichtigsten Elemente: Fahrt – Horizontabstand – Schräglage – Kugel – und Luftraumbeobachtung.

Eigenstabilität – das Flugzeug fliegt auch von selbst!

Bei unruhigen Wetterlagen und bei Böeneinwirkungen oder bei nicht sauber ausgetrimmtem Flugzeug wäre ein ständiges Korrigieren der unruhigen Fluglage erforderlich und würde zu Ermüdungserscheinungen des Piloten führen, gerade bei längerer Flugdauer. Während des Horizontalfluges wirken der Kräfte am Flugzeug, die zu einem Gleichgewichtszustand beitragen.

Beim Umströmen der Tragflächen während der Auftriebserzeugung wird der Luftstrom hinter dem Profil leicht abwärts gelenkt – Flügelabwind genannt. Dessen Strömung nimmt Einfluss auf das Höhenleitwerk, wobei während Start und Landung – oder wenn immer sie ausgefahren werden, die Flügelklappen zusätzliche Momente um die Flugzeug-Querachse erzeugen.

Längsstabilität

Die Schubachse des Propellers greift im Schwerpunktbereich an, aber kann bei Tiefdeckern auch oberhalb des Tragwerks und bei Schulterdeckern

Die Seitenstabilität bezeichnet die Eigenschaft eines Flugzeugs, nach einer Störung um die Längsachse nach abnehmenden Schwingungen wieder in die Ausgangslage zurückzukehren. Beim Anheben einer Tragfläche setzt ein seitliches Schieben ein, wodurch der Auftrieb der tieferen Tragfläche zunimmt und diese wieder anhebt. Die Fläche des tieferen Flügels wird auch in senkrechter Projektion gesehen größer.

unterhalb der Flügel ansetzen. Dieser Moment macht sich auch um die Querachse bemerkbar, wenn ein Leistungswechsel des Motors erfolgt. Senkt oder hebt sich die Flugzeugnase, so muss sich diese Schwingung verringern und das Flugzeug muss selbsttätig zur Ausgangslage zurückkehren. Der Schwerpunkt lagert etwas vor dem aerodynamischen Druckmittelpunkt des Flügelpro-

Die Längsstabilität eines Flugzeugs bezeichnet die Eigenschaft, nach einer Störung um die Quer- oder Nickachse wieder in die Ausgangslage zurückzukehren. Beim Reiseflugzeug befindet sich der Schwerpunkt etwas vor dem aerodynamischen Druckmittelpunkt. Das Höhenleitwerk ist so eingestellt, dass der Schwerpunkt nicht zur ständigen Kopflastigkeit führt.

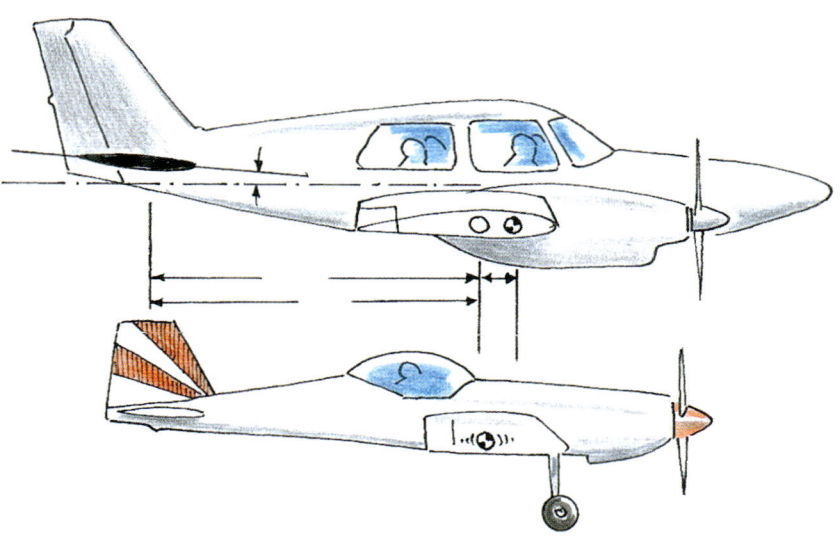

Bei diesem Transportflugzeug sind nahezu sämtliche Verarbeitungs-Methoden des metallenen Flugzeugbaus vereint. Tragwerk, Rumpf, Leitwerk und dessen Träger sind in Schalenbauweise hergestellt. Diese Maschine wurde in Frankreich konstruiert und in Deutschland in Lizenz produziert, sie wird von englischen Sternmotoren angetrieben.

fils, von dem sämtliche Luftkräfte ausgehen. Da dies zur ständigen Kopflastigkeit führen würde, ist das Höhenleitwerk entsprechend eingestellt. Die Feinjustierung übernimmt man mit der Höhenrudertrimmung.

Seitenstabilität

Während man bei Kunstflugzeugen zugunsten agilerer Steuerbarkeit auf stringent stabiles Verhalten verzichtet, muss ein Reiseflugzeug nicht besonders wendig sein. Betrachten wir ein Schul- oder Reiseflugzeug. Hier richtet sich normalerweise eine hängende Tragfläche wieder selbständig in die Waagerechte auf. Dies wird durch eine einfache konstruktive Maßnahme erreicht. Wenn die Flügel von vorne gesehen ein flaches V bilden, wird der sinkende Flügel effektiv länger, der sich hebende kürzer. Gleichzeitig tritt ein seitliches Schieben in Richtung der Schräglage ein, wodurch sich der Anstellwinkel des unteren Flügels effektiv vergrößert und sich wieder anhebt. Am höheren Flügel entwickelt sich der gegenteilige Effekt und lässt ihn sinken. Auch solche Schwingungen sollen rasch abnehmen und in horizontaler Stellung des Tragwerks enden.

Richtungsstabilität

Wenn die Flugzeugnase seitlich pendelt, werden dabei das Seitenleitwerk und das Rumpfende abwechselnd leicht seitlich angeströmt und richten die Flugzeuglängsachse wieder in die ursprüngliche Richtung aus. Nach einer Störung müssen sich auch diese „Gierschwingungen" rasch beruhigen. Ist der Flugzeugrumpf verhältnismäßig kurz und „dick", muss diese Form durch etwas vergrößerte Seitenleitwerksflächen oder Stabilisierungsflossen, die auch an der Rumpfunterseite angebracht sein können, verschlankt werden.

Zu groß soll allerdings die Kielwirkung nicht sein, da sonst die Seitenwindempfindlichkeit zunehmen würde. Auch bestimmte Tragflügelformen unterstützen die Richtungsstabilität. Wenn z. B. Trapezflügel wie in den meisten Fällen zur Flügelspitze zurück verlaufen, also die Vorderkanten eine positive Pfeilung aufweisen, wird bei einer Störung eine Tragfläche voreilen und effektiv länger sein als der „zurückbleibende" Flügel. Der längere Flügel erfährt mehr Widerstand und verzögert. Zusammen mit der stabilisierenden Wirkung richtet sich das Flugzeug wieder in die vorige Richtung aus.

Die Stabilitätswirkungen können zwar separat in ihren Funktionen betrachtet werden, man darf jedoch die gegenseitigen Zusammenhänge nicht übersehen. Die genannten Abweichungen von der jeweiligen Sollfluglage werden nicht nur von einer konstruktiven Maßnahme erfasst und korrigiert, sondern können auch weitere Momente initiieren – um eine andere Bewegungsachse.

So eilt beim Gieren ein Flügel vor und hebt an – das Flugzeug beginnt ein seitliches Schieben, wodurch Rumpf und Leitwerk auch seitlich beaufschlagt werden und ihrerseits eine weitere Fluglageänderung hervorrufen: mit dem Schiebe-Rollmoment. Wenn man auch die sogenannten Ruder-Folgewirkungen kennt und richtig dosiert anwendet, kann man sogar im unteren Grenzbereich des Fahrtspektrums, z. B. vor beginnendem Strömungsabriss, eine sich senkende Tragfläche wieder anheben, indem man mit dem bekannten „Gegenseitenruder" den Flügel beschleunigt, worauf dieser nach Wiederherstellung gesunder Strömungsverhältnisse auch wieder etwas Mehrauftrieb erhält. Man sollte zu dieser Aktion aber behutsam greifen, da sonst die andere Tragfläche zu „langsam" werden könnte und ihrerseits sinkt.

Ein Schulungsprogramm beginnt u. a. mit den Einweisungen und mit dem Kennenlernen sämtlicher Ruderfunktionen – und deren Reaktionen. Hierzu gehört auch das Stabilisieren eines Flugzustandes im Horizontalflug mit einer bestimmten oder wechselnden Geschwindigkeit wie auch im Steig- oder Sinkflug und während des Kurvens. Hinzu kommt der richtige Umgang mit dem Triebwerk und gegebenenfalls mit der Propellerverstellung, also Handhabung der Steuerung mit konstanter oder geänderter Motorleistung. Die dabei auftretenden Momente werden dann mit den richtigen Steuerflächen korrigiert und zur Entlastung werden die Ruderdrücke „weggetrimmt", wie es in der Fliegersprache heißt. Außerdem praktiziert man den Umgang mit den Landeklappen in deren verschiedener Stellung und lernt deren Einfluss auf die Geschwindigkeit und die Fluglage kennen. Auch diese Verhaltensweisen werden – wenn vorhanden – mit eingezogenem und ausgefahrenem Fahrwerk demonstriert.

Oben: Zum Kennenlernen der Flugeigenschaften einer Maschine gehört auch das Herantasten an bestimmte Grenzbereiche und das Erkennen der Symptome, die vor dem Überschreiten einer Betriebsgrenze warnen und die richtigen Gegenmaßnahmen anmahnen. Dazu zählt auch der extreme Langsamflug, der in letzter Konsequenz zum Strömungsabriss führen kann.

Unten: Die Richtungsstabilität ist die Fähigkeit eines Flugzeugs, nach einer Störung um die Hochachse wieder zum Ausgangszustand zurückzukehren. Gepfeilte Flügel, ein gut dimensioniertes Seitenleitwerk und ein Rumpfende mit Kielwirkung tragen dazu bei.

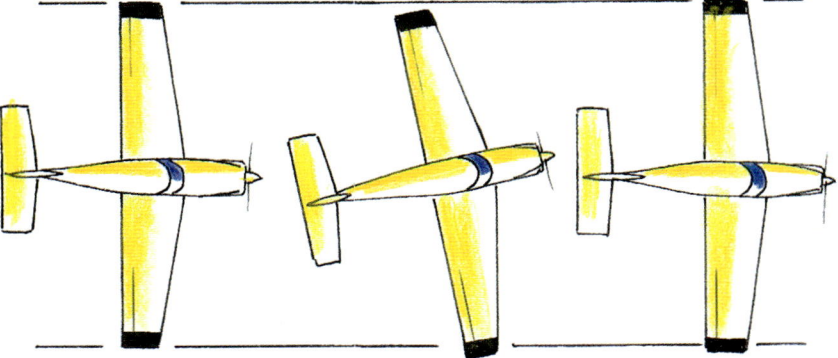

Ein außergewöhnlicher Flugzustand – das Trudeln

Über diesen Zustand des Flugzeugs wurde schon viel Unzutreffendes verbreitet. Unvorstellbare Kräfte sollen dabei auf den menschlichen Körper einwirken und das Flugzeug bis an die Grenze der Beanspruchbarkeit belastet werden. Dabei lässt sich der Trudelzustand mit den Flugzeugen früherer und jetziger Bauart beherrschen und auch wieder in eine kontrollierte Flugsituation überleiten. Es müssen jedoch einige Faktoren dabei beachtet werden. Die meisten Flugzeuge sind zum Trudeln nur mit bewusstem Einleiten zu „überreden". Bevor dieser Zustand eintritt, zeigt ein Flugzeug genügend unübersehbare Hinweise und verschiedene Einrichtungen warnen in der Grauzone vor dem Übergang in den roten Bereich. Das Trudeln gehört in bestimmte Kunstflugprogramme und wird in mehreren Ländern bereits während der Grundschulung demonstriert. Ein Bekanntsein mit dem Manöver

steigert das Vertrauen in das geflogene Flugzeug, ohne zu irgendwelchen suspekten Flugfiguren zu verleiten. Es weitet auch den fliegerischen Horizont und erklärt manche aerodynamischen Vorgänge – auch jenseits eines Zustandes mit abgerissener Strömung.

Das Einleiten

Die Demonstration findet mit einem dafür zugelassenen und geeigneten einmotorigen Flugzeug in ausreichender Höhe statt. Die Maschine befindet sich in Reiseflugkonfiguration, wobei der Motor auf Leerlaufleistung gedrosselt wird. Jetzt wird die Flugzeugnase deutlich über den Horizont gehoben, so dass die Fahrt bis auf das Minimum zurückgeht. Das Flugzeug selbst tendiert nun unübersehbar kopflastig, um die Fahrt wieder aufzuholen. Dieser „Selbsterhaltungstrieb" wird unterdrückt, indem man weiter am Höhenruder zieht und den Strömungsabriss an den Tragflächen herbeiführt. Jetzt wird die Trudelrichtung mit einem vehementen Seitenruderausschlag bestimmt (in den meisten Fällen in die sympathischere: nach links) unter Beibehaltung des voll gezogenen Höhenruders – man sieht, es geht nur mit „Gewalt"! In diesem Fall wird nun die rechte Tragfläche beschleunigt und die linke verlangsamt. Zu dieser Gier nach links kommt gleichzeitig eine Rollbewegung um die Flugzeuglängsachse nach links hinzu, wodurch das Flugzeug in Rückenlage übergeht und die Nase erdwärts fällt. Beonders dieser Übergang wird als unangenehm empfunden. Selbst hier besteht noch die Möglichkeit, nicht in den Trudelzustand überzugehen, indem das Seitenruder neutralisiert oder gegen die Drehrichtung ausgeschlagen wird und das Höhenruder einfach nachgelassen wird. Aber wir wollen ja trudeln!

Das Stabilisieren

So behält man das Höhenruder voll gezogen und das Seitenruder (in unserem Fall) links voll ausgeschlagen. Die Querruder bleiben neutral. Nach zwei bis drei Umdrehungen stabilisiert sich das Flugzeug in einer bestimmten Lage. Es dreht dabei um eine vertikale Achse, die typenabhängig ungefähr zwischen der Propellernase und der Spitze des „inneren" Flügels steht. Die Nase des Flugzeugs zeigt

Ein Flugzeug im Trudelzustand: Das Triebwerk dreht im Leerlauf, Schräglage und Neigung entsprechen dieser Flugsituation. Deutliche Indizien für absichtlich herbeigeführtes Trudeln sind das gezogene Höhenruder und das in Drehrichtung ausgeschlagene Seitenruder.

etwa 45° nach unten und die Schräglage bewegt sich um 30° zur Trudelachse hin. Im stabilisierten Zustand wird der äußere Flügel schneller durch die Rotation angeströmt, jedoch in einem Winkel von ca. 30° außen und zunehmend zum Rumpf, bis der Winkel von ca. 90° in Flügelendnähe des inneren anliegt. Die Drehgeschwindigkeit variiert zwischen 2 bis 3 Sekunden und die „Sinkgeschwindigkeit" ebenfalls typenabhängig bei 200-300 Fuß pro Drehung. Schwerere Maschinen kommen auf höhere Sinkraten. Während des Trudelns entwickelt sich eine Balance der einwirkenden Kräfte. Die Zentrifugalkraft will das Flugzeug in eine mehr waagerechte Lage bringen. Durch die Umfangsgeschwindigkeit wird das Leitwerk von außen und unten durch die Strömung beaufschlagt und gebremst. Mit Abnahme der Drehgeschwindigkeit wird das Flugzeug kopflastiger und dreht durch den Pirouetteneffekt (siehe Schlittschuhlauf) schneller, bis sich mit der Bremsung des Seitenleitwerks ein Gleichgewichtszustand einstellt und die oben erwähnte Stabilisierung erreicht wird. Die Erdoberfläche erscheint nun als rotierender Teppich. Der Propeller dreht auffallend langsam, da er kaum Windmühleneffekt erfährt. Die auf den Körper einwirkenden Kräfte sind keineswegs dramatisch, manche Festwiesenfahrgeschäfte bieten Schlimmeres! Abhängig von der Position der Trudelachse verspürt man durch die Zentrifugalkraft einen Andruck, wobei man aber immer noch die Extremitäten bewegen kann.

Das Ausleiten

Üblicherweise sollte man die Zahl der Trudelumdrehungen nicht übertreiben, auch wenn Euphorie aufkommen sollte. Es ist möglich, dass dabei das menschliche „Kreiselsystem" – das Gleichgewichtsorgan – irritiert wird und die folgenden Fluglageänderungen falsch interpretiert werden. Zum Beenden des Trudelzustandes genügt bei manchen Flugzeugen bereits das Loslassen der Steuer. Muss das Trudeln jedoch bewusst und nach einer vorgegebenen Zahl von Drehungen beendet werden, schlägt man das Seitenruder voll entgegen der Drehrichtung aus. Wenn die Drehung stoppt, lässt man zügig das Höhenruder nach – das bei manchen Maschinen zusätzlich gedrückt werden muss –, neutralisiert dann das Seitenruder wieder und holt in dieser steilen Sinkfluglage „flugfähige" Fahrt auf. Jetzt wird behutsam in die Normalfluglage aufgerichtet und das Triebwerk auf Reise- bzw. Steigflugleistung gesteigert. Bereits in der Frühzeit der Fliegerei wurden konstruktive Maßnahmen vorgenommen, um die Trudel-Unwilligkeit der Flugzeuge zu verstärken. Die besten Maßnahmen des Piloten, um einem unbeabsichtigten Übergang ins Trudeln zuvor zu kommen sind: genügend Geschwindigkeit und Anstellwinkel im grünen Bereich, keine vehementen Beschleunigungen im Langsamflugbereich, Propellermomente rechtzeitig kompensieren, bei beginnendem Strömungsabriss nicht zusätzlich am Höhenruder ziehen und auf Fahrtzuwachs warten, in steilen Kurven nicht bis zum

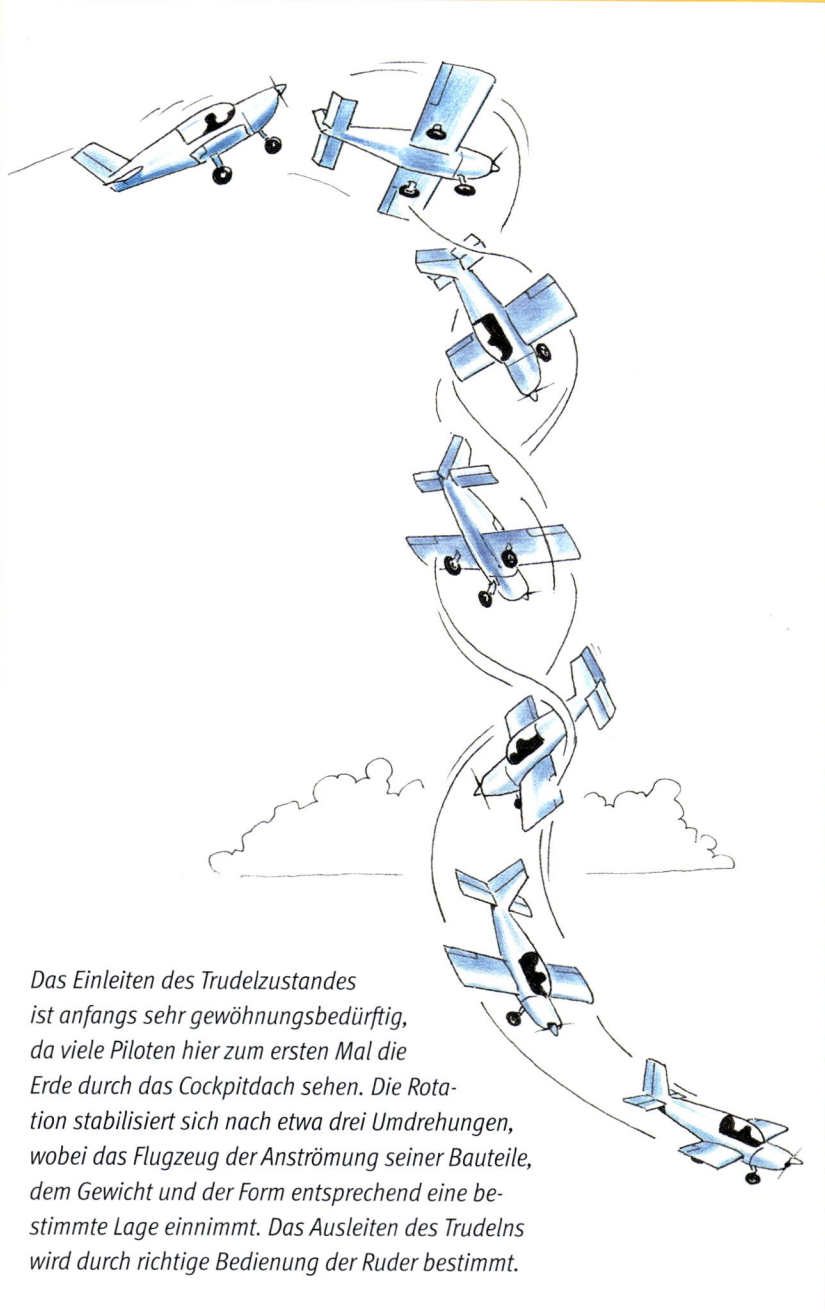

Das Einleiten des Trudelzustandes ist anfangs sehr gewöhnungsbedürftig, da viele Piloten hier zum ersten Mal die Erde durch das Cockpitdach sehen. Die Rotation stabilisiert sich nach etwa drei Umdrehungen, wobei das Flugzeug der Anströmung seiner Bauteile, dem Gewicht und der Form entsprechend eine bestimmte Lage einnimmt. Das Ausleiten des Trudelns wird durch richtige Bedienung der Ruder bestimmt.

Strömungsabriss ziehen, sondern rechtzeitig das Höhenruder nachlassen und Querlage verringern. Es kann auch mit höherer Geschwindigkeit der maximale Anstellwinkel überzogen werden, deshalb „meckert" die Strömungsabriss-Warnanzeige auch schon mal weit über der Minimalfahrt – und sie hat recht!

Fliegen heißt Landen

Vor der Landung haben die meisten Aviatiker gesunden Respekt. Die einen, weil sie als Passagier ein ständiges „Ausgeliefertsein" fühlten oder unter dem „Rücksitzphänomen" leiden (ob die da vorne Alles richtig machen!?), die anderen haben bislang mehr auf das „Glück" bei den Landungen gesetzt. Dabei ist auch die Landung ein vollkommen kontrollierbares Flugmanöver und keineswegs vom Wunsch „happy landing!" abhängig.

Der Anflugraum

Logischerweise sind es verschiedene Bedingungen, die bei einem solchen Manöver „passen" müssen. Da sind der Windeinfluss, die Länge und Lage der Landebahn, die Sichtverhältnisse und andere Faktoren, die verarbeitet und berücksichtigt werden müssen. Aber es kann Alles trainiert werden.

Ausgehend von einer kompletten Flugvorbereitung, von einem reibungslosen bisherigen Flugverlauf und ausgestattet mit sämtlichen für den Zielflugplatz relevanten Informationen sollte eigentlich nichts mehr schief gehen! Airliner richten ihren

Bei der Landung von Airlinern gibt es bekanntlich Qualitätsunterschiede. Trotz höchster Konzentration kann z. B. eine plötzliche Böeneinwirkung dafür sorgen, dass eine Fahrwerkskomponente doch ein paar Zentimeter zu früh aufsetzt. Die Kapazität der Fahrwerke ist sehr großzügig in der Aufnahme von Landestößen und es bedarf schon recht ungünstiger Bodenberührung, um das Fahrwerk zum Kollabieren zu bringen. Bei allen Piloten gilt die Landung als Flugmanöver, bei dem das Glück nur begrenzt hilfreich ist.

Landeanflug auch aufgrund ihrer etwas höheren Anfluggeschwindigkeit auf größerem Endanflugsektor ein, hier werden keine allzu engen Kurven ausgeführt. Die „Kleineren" fliegen ihre Plätze in der Regel über festgelegte und veröffentlichte Strecken an und bewegen sich in Flugplatzumgebung gemäß Umweltschutz oder selbst auferlegter Kriterien in engeren „Kanälen". Ansiedlungen und Naturschutzräume werden gemieden unter gleichzeitiger Beachtung der Luftraumstruktur. Solche Aspekte lenken natürlich vom eigentlichen Vorhaben ab, wodurch die Qualität der Landung so mancher kleineren Maschine leiden kann.

Grundeinstellungen am Flugzeug

Ein sehr wichtiger Aspekt ist die „Konfiguration", das Aussehen des Flugzeugs. Das heißt, das Fahrwerk ist ausgefahren und verriegelt, die Landeklappen sind gesetzt und werden später nach Bedarf vollends ausgefahren. Auch bei den kleineren Maschinen arbeitet man vor der Landung eine „Check-Liste" ab. Die Gemischaufbereitung wird auf sichere Sprit-Luft-Ratio eingestellt und die Propellerverstellung in kleine Steigung verändert, falls eine zügige Beschleunigung bei Korrektur des Anflugwinkels oder bei Abbruch der Landeabsicht erforderlich ist.

Die Landeanfluggeschwindigkeit soll weder zu gering noch zu hoch sein. Bei Unterschreitung der vorgesehenen Fahrt nähert man sich dem maximalen Anstellwinkel und die Ruderfolgsamkeit kann bereits träge sein. Bei weiterem Fahrtschwund nähert man sich dem Abreißen der Strömung. Auch dieses Verhalten ist während der Schulung in einem Flugmanöver fester Bestandteil. Fliegt man zu schnell an, dauert das Verlangsamen bis zur Aufsetzgeschwindigkeit zu lange, die Landepiste reicht nicht mehr aus – ein Durchstarten wird unausweichlich. Auch dieses Manöver wird geschult, so dass nichts dem Zufall ausgeliefert ist.

Der Endanflug ist von entscheidender Bedeutung für die Landung selbst. Die Beibehaltung des Kurses über der Anfluggrundlinie und die richtige Geschwindigkeit auf dem „passenden" Anflugpfad ist auch wichtiger Aspekt während der Flugschulung. Diesen Anflugkanal ohne übertriebene Korrekturen anzusteuern, erfordert die einfühlsame Kontrolle sämtlicher Ruder – erst recht bei Segelfliegern, die keine Möglichkeit zum Durchstarten haben.

Geschwindigkeit berechnen und Anflugpfad einhalten

Die Fahrt für den Landeanflug setzt sich aus mehreren Faktoren zusammen. Die Basis dieser Berechnung ist wie bei anderen Manövern die Geschwindigkeit, bei der die Strömung abreißt, also beim Überziehen des maximal möglichen Anstellwinkels. Dieser Wert wird mit 1,3 multipliziert und bildet schon ein gutes Fahrtpolster. Zu dieser Fahrt addiert man den „halben Wind", die halbe Windstärke, damit kalkuliert man auch Schwankungen ein wie beim Faktor „Gusts" – der Böeneinwirkung. So erhält man die Geschwindigkeit, die sicheren Abstand zum Strömungsabriss sichert und gleichzeitig eine unnötig zu hohe Fahrt vermeidet. Dieses Schema

wird bei allen – auch kleinen Flugzeugen – angewandt, selbst wenn bei großen und schweren Maschinen mit hoher Flächenbelastung die Windeinwirkung relativ gering ist im Vergleich gegenüber leichten Apparaten.

Zum korrekten Einhalten des Anflugpfades und der Anfluggrundlinie (Glide Path und Center Line genannt) gibt es verschiedene Anzeigen auf dem Instrumentenbrett. Während eines Instrumentenanfluges zeigt ein Flugzeugsymbol in Bezug zu einem horizontalen und zu einem senkrechten Kreuzzeiger die Situation des Flugzeugs an. Bei Nacht wird die Landebahn mit unmissverständlichen Lichterreihen markiert und fast plastisch dargestellt, so dass Abweichungen vom Idealanflug rasch erfasst werden können. Im Sichtanflug gibt es verschiedentlich Sichtanflugbaken, die während des Sinkfluges die Lage zum korrekten Anflugwinkel durch farbige Lampen signalisieren. Ohne diese Anflughilfen fällt eine Bahn auch bei Tageslicht durch deutliche Markierungen auf. Aus der Perspektive im Anflug bilden ihre Umrisse ein optisches Trapez. Erscheint dieses noch sehr „hoch stehend", ist die Anflughöhe zu groß. Ist es sehr „flach", hat man sich bereits der

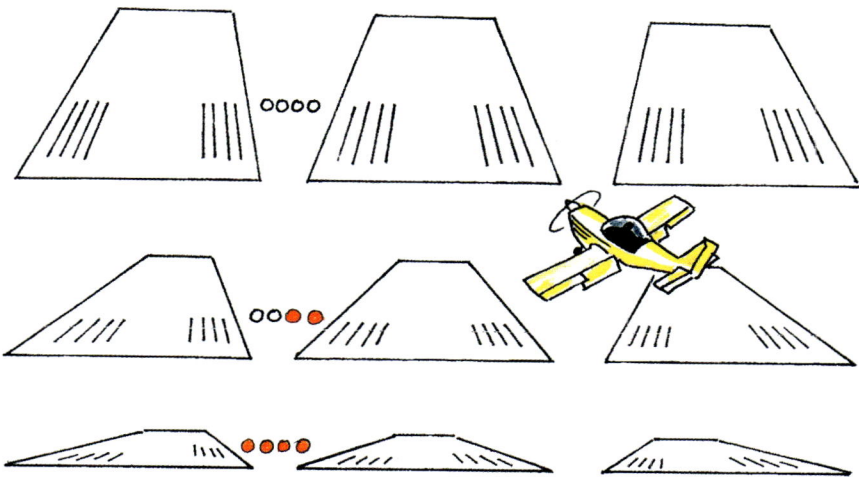

Während des Ausschwebens zur Landung wird langsam die Fluglage in zunehmende Anstellung gezogen, wobei der Anflugwinkel immer flacher wird und das Hauptfahrwerk fast horizontal aufsetzt. Dazu müssen „pumpende" Bewegungen des Höhenruders unterdrückt werden, ein geduldiges Ausschweben garantiert auch ein weiches Aufsetzen.

Höhe der Aufsetzzone genähert – womöglich zu früh. Wenn man noch zu weit davor sinkt, muss die Triebwerksleistung erhöht und das Flugzeug an die Aufsetzfläche „geschleppt" werden, sonst setzt man zu früh auf. Eine wichtige Markierung ist die Landebahnschwelle mit ihren „Zebrastreifen".

Näher besehen sind diese weißen Längsstreifen mit schwarzen Reifenspuren überzogen, der Nachweis, dass ab hier der Aufsetzvorgang beginnt.

Verschiebt sich das „Landebahn-Trapez" seitlich – es müsste eher heißen: das Flugzeug –, so ist man seitlich von der Ideallinie weggedriftet. Diese Abweichung muss rechtzeitig korrigiert werden, indem man mit einer Miniaturkurve in leichter Schräglage zurücksteuert. Auch Abweichungen vom Anflugpfad korrigiert man bei zu großer Sinkrate mit Leistungszufuhr und Zug am Höhenruder. Man kann aber auch bei zu hoher Fahrt diese in die verlorene Höhe umsetzen und umgekehrt: Bei Wegsteigen von der Sollflugbahn kann die eventuell geringere Fahrt durch Nachlassen des Höhenruders wieder aufgeholt und zum richtigen Pfad zurückverbessert werden. Allerdings sollte bei Abweichungen von den Sollparametern wie Fahrt und Sinkrate stets die Motorleistung zu Hilfe genommen und angepasst werden.

Beim „reinen" Sichtanflug kann sich das „Trapez" ständig verändern, wobei man nach der Methode „wehret den Anfängen" beim Korrigieren der Flugbahn vorgehen sollte. Geht man von Windstille oder Wind nur direkt von vorne aus, dürfte eigentlich keine seitliche Drift entstehen. Doch eine leichte Schräglage kann bereits zu einem seitlichen Schieben zur hängenden Tragfläche und zum Verlassen der Grundanfluglinie führen. Meistens genügt dann ein leichtes Hängenlassen zur Korrektur.

Unten: Die „Zebrastreifen" auf der Landebahn signalisieren dem Piloten die jeweilige Position des Flugzeugs in Bezug zum Anflugpfad, also der Höhe relativ zu diesem und die mögliche seitliche Versetzung zur Landebahnmittellinie während des Anfluges.

Anflug, Ausschweben und Aufsetzen sind die drei wichtigsten Phasen der Landung. Je konstanter die Fluglageänderung verläuft, desto kontrollierter und weicher kann die Landung ablaufen.

Bodenkontakt

Bei Annäherung an die Aufsetzzone richtet man das Flugzeug etwas auf. Damit wird die Sinkrate verringert und der Anflugwinkel flacher. Bei gleichzeitiger Rücknahme der Triebwerksleistung geht die Geschwindigkeit zurück und mit der Tendenz, in der das Flugzeug weitersinken will, zieht man simultan am Höhenruder, so dass der Annäherungswinkel an den Boden immer flacher wird. In dieser Noch-Fluglage ist das Bugrad deutlich höher als das Hauptfahrwerk, also zusehends höher angestellt und üblicherweise mit voll ausgefahrenen Landeklappen. Die Bodenberührung der Hauptfahrwerksräder macht auch eine spürbare Nickbewegung aus, die durch die Einbauposition des Fahrgestells hinter dem Flugzeugschwerpunkt entsteht. Anschließend wird das Bugrad kontrolliert gesenkt, das heißt, dass man es nicht einfach „plumpsen" lässt, sondern mithilfe des noch ansprechenden Höhenruders aufsetzen muss.

Das Aufsetzen während der Landung beginnt immer mit dem Hauptfahrwerk. Dabei bewegt sich das Flugzeug immer noch mit einer Geschwindigkeit, bei der sämtliche Ruder ansprechen und Korrekturen möglich sind.

Bei größeren Flugzeugmustern bemerken die Passagiere den Einsatz des Umkehrschubes der Strahltriebwerke oder die „Prop Reverse" bei Luftschrauben mit Umkehr-Einstellung. Auf den Flügeloberseiten der Jets spreizen sich die „Spoiler", die Luftbremsen am Boden.

Noch ein Wort zum Ausschwebvorgang, der die eigentliche Vorbereitung zum Aufsetzen darstellt: Wenn sich dabei eine seitliche Drift einstellt, sollte diese nicht spontan mit Seitenruder aufgehalten werden, denn dies führt zum Schiebezustand kurz über dem Boden. Eine leichte Schräglage – herbeigeführt mit Querruder – hält diese Drift auf und das Flugzeug verbleibt auf der Bahn. Bei reduziertem Triebwerksschub – auch dem des Propellers – „fliegt" das Flugzeug nicht unmittelbar auch in die Richtung weiter, in die der Rumpf zeigt, sondern bewegt sich aufgrund seiner Masse auch schräg weiter. Eine goldene Regel ist: Rumpf parallel zur Pistenachse mit dem Seitenruder halten und seitliche Driften mit Querruder aufhalten. Somit das Hauptfahrwerk kontrolliert aufsetzen. Übrigens ist die eigentliche Landung erst fertig, wenn aerodynamisch nichts mehr wirkt.

Die Landung bei Seitenwind

Auch bei seitlicher Windeinwirkung ist eine sichere Landung möglich, sofern deren Windkomponente die Steuerbarkeit des Flugzeugs während des End-Anfluges und im Aufsetzvorgang nicht zu stark beeinträchtigt. Ein starker Seitenwindeinfluss sollte nicht zu der Vorstellung verleiten, das nur von einem Luftmassenfluss von links oder rechts um das Flugzeug herum auszugehen ist. In Wirklichkeit fliegt das Flugzeug mit seiner Geschwindigkeit an und bewegt sich damit in der driftenden Schicht. Im Verhältnis ergibt sich, während das Flugzeug mit der

erforderlichen Anflugtechnik anfliegt, ein relativ erstaunlich kleiner Anteil der Seitenwindkomponente. Fliegt ein größeres Flugzeug, etwa eine zweimotorige Turbo-Prop-Maschine, mit einer Fahrt von 250 km/h (135 Knoten) an und weht der Wind mit 35 km/h (19 Knoten) quer zur Bahn, so bildet sich ein seitlicher Winkel von „nur" 8 Grad. Das heißt für das Flugzeug, dass es immer noch von VORNE seitlich angeströmt wird, solange es mit dieser Fahrt – und auch noch mit weniger – fliegt.

Eine kleinere Maschine, etwa eine einmotorige Cessna oder Piper, mit geringerer Anfluggeschwindigkeit, nämlich nur 130 km/h (70 Knoten), ist bei der gleichen Windgeschwindigkeit deutlich stärker beeinflusst. Hier ergibt sich eine Anströmrichtung von vorne seitlich mit 16 Grad, also ebenfalls immer noch überwiegend von vorne. Dieser Wert über-

schreitet allerdings meist die „demonstrierten" und empfohlenen Seitenwind-Komponenten.

Auf einem Bein – Die Landetechnik bei Seitenwind

Gehen wir von einer Seitenwindeinwirkung von links aus. Überschreitet dessen Komponente die erlaubte Höchstgrenze, muss zu einem Ausweichflugplatz geflogen werden, dessen Bahnrichtung bessere Bedingungen bietet. In noch größerer Höhe wird der seitliche Windeinfluss durch Vorhalten, also durch einen berechneten Winkel ausgeglichen. Ein starker Seitenwind ergibt leider auch durch den Luv-Winkel eine geringere Geschwindigkeit über Grund, aber dies ist Teil der Navigation.

Im Endanflug zur Landung nimmt man bei Seitenwind ebenfalls einen Luv-Winkel ein, hält aber die

Gegen Seitenwind-Einfluss hilft nur ein entsprechender Vorhaltewinkel oder die Schräglage des Flugzeugs mit Ausrichtung der Flugzeuglängsachse auf die Pistenachse. Ersteres gelingt einfacher, birgt aber die Gefahr einer schiebenden Landung mit Beschädigung des Fahrwerks. Die Methode mit hängender Fläche erfordert Übung, ist aber sauberer.

Beim Anflug auf einen höher gelegenen Flugplatz muss der Pilot eine geringere Luftdichte einkalkulieren und somit für eine höhere Landegeschwindigkeit sorgen. Für manche Maschinen könnte die geringe Bahnlänge kritisch werden.

erforderliche Anfluggeschwindigkeit, um dann über der Grundanfluglinie entlang zu „schieben". Auch hierbei ist die Flugsituation „stilrein", das heißt das Flugzeug ist nicht in eine unsaubere Fluglage gezwungen. Erst vor Erreichen der Aufsetzzone und in ausreichender Höhe kann man in eine andere Landetechnik übergehen, die allerdings etwas Training erfordert, aber jeder etwas versierte Pilot beherrschen dürfte. Denn diese Methode erlaubt dem Fahrwerk ein zu der Landebahnachse ausgerichtetes Aufsetzen ohne seitliches Radieren der Räder. Diese Technik wird „Low-Wing-Methode" genannt und wird auch so übersetzt: „Tiefe-Flügel-Methode" oder „Fläche-hängen-lass-Methode". Manche Hauptfahrwerke sind so konstruiert, dass sie auch leicht schiebendes Aufsetzen vertragen. Einige davon schlucken ähnliche Aufsetzvorgänge mit „Nachlauf", eine Art Teewagenrad-Wirkung.

Die Low-Wing-Methode erfordert den Ausschweb- und Aufsetzvorgang mit hängendem Tragwerk und

Nach einem Überlandflug erfordert die Landung auch nach Sichtflugregeln eine situationsgerechte Vorbereitung. Das Verlassen der Reiseflughöhe, das Einfädeln in den Luftverkehr und Befolgung der Anflugverfahren bis zum Aufsetzen ist harte Arbeit – aber immer wieder ein Erfolgserlebnis für den Piloten. (Airport Sedona, Arizona, USA)

zwar soweit, dass durch die seitlich geneigte senk-rechte Hauptauftriebskomponente nun eine horizon-tale Komponente gebildet wird, die bei Entsprechung des Seitenwindeinflusses dazu führt, dass das Flug-zeug über der „Center Line" bleibt, also nicht seit-wärts driftet. Die Schräglage wird mit dem Querruder gehalten und auch den eventuellen Windschwankun-gen angepasst. Durch diese Querlage entsteht ein Schiebe-Wendemoment, welches von der seitlichen Beaufschlagung des Seitenleitwerks – auch Wetter-fahnen-Effekt genannt – angefacht wird. Das ergibt eine Drehung der Nase in den Wind, doch diese Ten-denz wird mit der Gegenseitenruder kompensiert.

Das bedeutet bei einer Schräglage „links" einen Seitenruderausschlag „rechts". Somit verbleibt das Flugzeug über der Bahnmitte und die Flugzeuglängs-achse ist genau parallel hierzu ausgerichtet. Das zu-erst den Boden berührende „luvseitige" Rad (an dem tieferen Flügel) schiebt dabei nicht. Das danach Auf-setzende setzt gleichfalls „sauber" auf und das Bug-rad folgt ebenfalls mit schiebefreier Bodenberührung.

Die Landung mit Spornradflugzeugen bedeutet gegenüber dem Bugradflugzeug eine oft heikle Herausforderung. Es sind Generationen von Fliegern damit klargekommen, doch muss eingeräumt wer-den, dass früher auch die größeren Flugplätze über kreisförmige Flächen verfügten und dass Starts und Landungen dadurch meist gegen den Wind erfolgen konnten. So müssen sich heutzutage auch Spornrad-flugzeuge den örtlichen Gegebenheiten anpassen.

Eine Möglichkeit davon ist die o. g. Methode mit dem hängenden Tragwerk und parallel ausgerichte-tem Rumpf. So kann gleichzeitig mit dem luvseitigen Hauptrad und dem Spornrad aufgesetzt und danach auch das leeseitige Fahrwerksbein gesteuert aufge-setzt werden. Diese Technik erfordert ziemliches Geschick und deshalb wird oft eine andere Version das Anfluges und des Aufsetzens bevorzugt.

Diese Art rät zu einem Anflug knapp vor der Lan-debahn gegen den Wind und ein Eindrehen des Flug-zeugs kurz vor dem Aufsetzen auf die Bahnrichtung. Diese Methode setzt aber das Flugzeug mehr dem Zufall aus und ist nicht immer berechenbar. Größere Flugzeuge kann man deswegen so nicht landen.

Ein perfekter Anflug – die Perspektive beweist den Anflug genau entlang der Pistenachse und einen korrekten Anflugpfad. Die ausgedehnte Landebahn lädt geradezu ein, das Ausschweben und Aufsetzen in aller Ruhe und ganz präzise vorzunehmen. (Airport Keetmanshoop/Namibia)

Der Seitengleitflug oder Slip

Ein Flugzustand, der durchaus Ähnlichkeit mit der Fluglage und den Anströmbedingungen beim landen mit der hängenden Fläche hat, kann auch für ein Manöver genutzt werden, bei dem der Anflugwinkel – wenn es an kleinen Flugplätzen

Der Ausschwebvorgang eines Flugzeugs nach der Low-Wing-Methode: Der Seiten-wind wird durch Hängenlassen des Tragwerks in den Wind ausgeglichen. Dabei wird gleichzeitig mit dem Seitenruder der Rumpf in Aufsetzrichtung gelenkt, bis das luvseitige Hauptfahrwerk den Boden berührt.

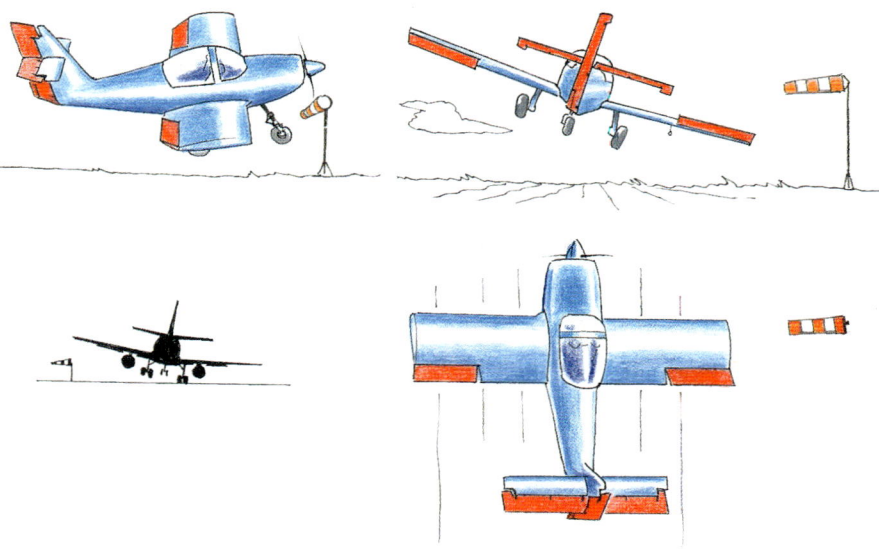

Der Seitengleitflug oder „Slip": eine absichtlich herbei-
geführte Schräglage des Tragflügels und des Rumpfes
zur Erhöhung des Luftwiderstandes. Dieser Flugzustand
ist aerodynamisch sicher, wird aber in der Ära der
Landeklappen kaum noch angewendet.

eng wird – manipuliert werden kann. Dieser Flugzustand wird Seitengleitflug genannt oder einfach
„Slip". Dies bezeichnet die Schiebefluglage mit
gleichzeitiger Schräglage. Dabei fliegt das Flugzeug grob gesagt in Richtung des hängenden
Flügels.

Damit infolge starken Schiebens der Rumpf
nicht in den Fahrtwind drehen kann, wird er mit
dem Gegenseitenruder in dieser Lage abgestützt.
Mit dem Höhenruder hält man den Bug wie üblich
unter dem Horizont, um die Mindestfahrt nicht zu
unterschreiten. In dieser Situation erzeugt der
schräg angeblasene Rumpf enormen Luftwiderstand, und da momentan die Motorleistung dem
Leerlauf entspricht, ist die Sinkgeschwindigkeit
größer und der Sinkwinkel steiler. Der Flugzustand
ist trotz seiner ungewöhnlichen Fluglage sicher.
Die aerodynamisch wichtigen Komponenten wer-

Bei Landungen auf Flugplätzen im Gebirge ist die Gefahr plötzlich auftretender
Seitenwind-Böen besonders groß – hier muss der Pilot schnell reagieren.

Mit diesen negativ gepfeilten Tragflächen und den sehr großen Landeklappen wird auch ohne Vorflügel eine ausreichend geringe Landegeschwindigkeit erzielt. Obwohl diese „Cessna" sehr hohe Reisegeschwindigkeiten erreicht, kann sie auch auf kürzeren Pisten landen.

den „gesunder" Strömung ausgesetzt, ihre Folgsamkeit ist nicht gefährdet.

Dieser Slip wird aus nahe liegenden Gründen nicht mit größeren Flugzeugen praktiziert, höchstens im Notfall. Bei den kleineren Exemplaren wird das Manöver zuerst in größerer Höhe geprobt. Bei fehlenden Landeklappen gehörte vor einigen Jahen der Seitengleitflug zum Repertoire jedes Piloten. Nach Ausstattung fast jeder Maschine mit Flügelklappen wurde der immerhin nicht für jedermann sympathische Zustand etwas verdrängt, aber wenn es infolge von Thermikeinfluss oder unpassender Landeeinteilung zum Endanflug weit über dem idealen Gleitpfad kam und vielleicht der Antrieb der Klappen ausfiel, hätte man sich gerne der antiquierten Technik bedient.

Zur besseren Vorstellung der Fluglage: Manche Flugzeuge unterhalb der Zweitonnenklasse lassen sich bei voll reduzierter Motorleistung und bei einer der Strömungsabreißgeschwindigkeit x 1,3 entspre-

Hier heißt es punktgenau landen – zu früh oder zu spät aufzusetzen hieße „wassern"! Solche Landebahnen erfordern große Erfahrung des Piloten. Der Hang im Vordergrund macht einen flachen Anflug unmöglich und verlangt einen starken Sinkflug auf kurzer Strecke.

Das Flugzeug sucht sich bei sauber ausgetrimmter Ruderstellung und „gesunder" Anströmung die stabile Fluglage selbst. Wenn ein Leistungsparameter verändert wird, äußert sich dieses besonders bei zweimotorigen Mustern in einer Fluglageänderung.

chenden Fahrt höchstens 30° aus der Richtung bringen und gleichzeitig in eine Schräglage von kaum über 20° zwingen. Es machen sich dann die bekannten Wirkungen der Eigenstabilität bemerkbar – das Flugzeug wehrt sich gegen eine solche ungewöhnliche Fluglage!

Diese kann sich aus verschiedenen Flugsituationen heraus entwickeln. Als solche kann man Fluglagen bezeichnen, die von der gewöhnlichen Schräglage und/oder Pitch-Lage abgewichen sind bei gleichzeitigen extremen Fahrtzuständen. Die Hauptaufgabe der Besatzung/des Piloten ist, diese Situation rechtzeitig zu erkennen und zu korrigieren, bevor die aerodynamischen und die strukturellen Grenzen

des Flugzeugs erreicht oder sogar überschritten werden. Auch zur Wiederherstellung der Normalfluglage gibt es bestimmte „Procedures". Je nach gegenwärtiger Lage bringt man die Flugzeugnase zum Horizont, dann die Tragflächen in die Waagerechte und mit der Motorleistung wird entweder beschleunigt, um wieder auf „fliegbare" Fahrt zu kommen oder wenn diese zu hoch wurde, entsprechend reduziert.

Ist die Flugzeugnase zu weit unter den Horizont geraten, wird erst die Schräglage korrigiert, dann das Flugzeug abgefangen und zum Horizont gezogen, dann bei Einnahme der Normalfluglage die Motorleistung angepasst.

Generell weicht ein Flugzeug von der Normalfluglage nur minimal ab, wenn alle Ruder präzise getrimmt sind. So ist auch die Tendenz minimal, dass das Flugzeug in eine unerwünschte Situation gerät.

Die sanfte Art – der Langsamflug

Damit man ein Flugzeug – nehmen wir ein einmotoriges Schulflugzeug oder eine Einweisung auf eine Zweimot – auch in seinem unteren Geschwindig-

Ein gewagtes Manöver: Extremer Seitengleitflug in Bodennähe. Das Flügelprofil erscheint effektiv länger, die vorauseilende Tragfläche erzeugt damit mehr Auftrieb und der schräg seitlich angeströmte Rumpf bietet erheblich mehr Luftwiderstand. So kann der Anflugwinkel deutlich steiler gestaltet werden. Die Steuerung ist funktionsfähig und die Strömungsverhältnisse sind sicher – auch wenn es nicht so scheint.

keitsspektrum kennen lernt, sind auch Manöver wie der Langsamflug ins Schulprogramm aufgenommen. Hier kann in Landekonfiguration mit ausgefahrenem Fahrwerk und voll ausgestellten Landeklappen zum Beispiel ein Anflug in sicherer Höhe auf eine sehr kurze Landebahn simuliert werden. Der Abstand zur Strömungsabrissgeschwindigkeit ist sehr gering und wird mit dem 1,15- bis 1,25-fachen geflogen. Hierbei sind die Ruderreaktionen bereits etwas träge und es bedarf größerer Ausschläge.

Da dieser Zustand bei etwa Reiseflug-Motorleistung abläuft, treten auch die Momente des einmotorigen Propellerantriebes auf. Das heißt, bei dieser geringen Fahrt muss man den Korkenziehereffekt mit Seitenruder kompensieren, den durch hohe Anstellung auch des Propellerkreises entstehenden unsymmetrischen Schub der Luftschraube mit zusätzlichem

Ruder ausgleichen und das Propeller-Rückdrehmoment, den „Torque", mit leichtem Querruder abstützen. Nachdem für diesen Flugzustand alle Trimmungen die Ruderdrücke neutralisiert haben, kann man die sehr „weiche" Ruderwirksamkeit spüren.

Dieses Flugmanöver wird beendet, indem zuerst die Triebwerksleistung erhöht wird, dann fährt man das Fahrwerk ein und stufenweise die Klappen, damit das Flugzeug wieder beschleunigen kann. Mit Erreichen der erforderten Fahrt setzt man Gashebel, Propellerverstellung und Gemischeinstellung für den nächsten Flugzustand. Diese Einstellungen sind Vorgaben aus dem jeweiligen Flughandbuch und werden in der Fliegersprache „Power Setting" genannt.

Man kann auch in der Landekonfiguration erprobungsweise in die Nähe des Strömungsabrisses ge-

Wenn ein Flugzeug speziell für den geringen Geschwindigkeitsbereich entworfen wurde, muss es besonders sichere Langsamflugeigenschaften aufweisen. Solche Maschinen eignen sich z. B. für Transportflüge zu Plätzen mit extremen Bedingungen, Agrarflüge oder das Absetzen von Fallschirmspringern.

Notlandung nach Triebwerksausfall

Schon während der fliegerischen Grundschulung wird sorgfältig auch auf das richtige Verhalten bei Störungen, Zwischenfällen und Notfällen hintrainiert. Dabei wird auf adäquates Behandeln von ausgefallenen Systemen geachtet, wobei über deren Reaktivierung oder Verzicht und deren Übernahme durch andere Komponenten entschieden wird. Eine bekannte Variante ist die Simulation eines Triebwerksausfalles. Hier sollen die Panikresistenz des angehenden Piloten gefestigt und das angemessene Reagieren geschult werden. Im Trainingsflugzustand reduziert z. B. der Fluglehrer die Triebwerksleistung auf ein Minimum, um zunächst den Totalausfall des Antriebes zu simulieren. Jetzt wird der Gleitflugzustand mit der Geschwindigkeit für z. B. größte Reichweite eingerichtet, wobei zunächst weder das Fahrwerk noch die Landeklappen ausgefahren werden. Der Propeller dreht noch im Leerlauf, das heißt er rotiert wie eine Windmühle durch den Fahrtwind. In der Fliegersprache nennt man dieses selbsttätige Rotieren tatsächlich „Windmilling". In diesem Zustand erzeugt eine nicht verstellbare Luftschraube mehr Widerstand, wodurch der Gleitwinkel etwas steiler wird. Ein weiterer wichtiger Entscheidungspunkt ist die Wahl des theoretischen Landefeldes. Wurde die Motorleistung bereits während des Beschleunigens zum Start entzogen, reicht meist der Auslauf bis zum Stillstand aus. Hat das Flugzeug bereits abgehoben, kann auf einer längeren Startbahn noch eine sichere Landung ausgeführt werden, ohne dass man das Pistenende überrollt. Dahinter ist jedoch meist noch präpariertes Gelände in Form eines „Overruns", der ein gefahrloses Ausrollen ermöglicht. Hat man allerdings den Flugplatzrand überflogen und befindet sich im Steigflug, ist eigentlich eine Landung nach Motorausfall nur in verlängerter Startbahnachse ratsam. Eine Umkehrkurve zum Startplatz führt in den meisten Fällen zum Strömungsabriss, wonach die Wiederherstellung eines kontrollierbaren Flugzustandes insgesamt sehr schwierig bis unmöglich ist.

Indes sind leichte Richtungsänderungen zur Vermeidung von Hindernisberührungen machbar. Das Flugzeug ist auch nach einem Motorversagen noch voll steuerbar, nur ein Steigflug wäre selbstredend nur von kurzer Dauer, da dann die Fahrt zu weit zurückginge und der zu große Anstellwinkel neben dem sich entwickelnden Strömungsabriss gleichzeitig zu starker Widerstandszunahme führen würde. Im Ernstfall käme nach entsprechendem Gleitflug und Ansteuern eines geeigneten Geländes eine kontrollierte „Bauchlandung" zur Ausführung. Selbst düsengetriebene Flugzeuge sind schon außerhalb von Flugplätzen ohne Antrieb gelandet worden, wonach sämtliche Insassen zu Fuß die Maschine verlassen konnten.

Kleinere Flugzeuge kommen logischerweise mit kürzeren Landeflächen aus. Ihre Anfluggeschwindigkeit beträgt – bei den meisten Flugzeugen unter 1.000 kg Fluggewicht – etwa 100 km/h. Die Aufsetzgeschwindigkeit bzw. die Fahrt, mit der am Boden aufgesetzt wird, liegt weit darunter, wenn z. B. die

Noch einmal gutgegangen! Diese Landefläche eignet sich gut für eine Notlandung, nur ihre Verfügbarkeit ist oft sehr zweifelhaft. Man muss davon ausgehen, dass ein havariertes Flugzeug im Anflug auf derart belebte Flächen nicht rechtzeitig erkannt wird. Erst nach einer Vollsperrung wird ein genehmigter „Notstart" freigegeben. Ein Anflug von Autobahnen gegen den Verkehrsfluss kann fatal enden!

Landeklappen voll ausgefahren sind. Diese Bodenberührungen ergeben bei geglücktem Aufkommen selten größere Schäden. Das Glück wird hier eher von dem Zustand der Aufsetzfläche beansprucht, denn Zäune, Mauern und Wassergräben können tückisch sein, wenn sie zu spät oder nicht im Anflug erkennbar waren.

Wird die Übung aus größerer Höhe geflogen, sind erforderliche Kurven zum Erreichen eines geeigneten Notlandefeldes selbstverständlich. Diese Flächen sind aus größerer Höhe oft nicht vollkommen einsehbar, was die Bodenbeschaffenheit und Hindernisse betrifft. Jedenfalls fliegt man die Fläche gegen den Wind an. Das reduziert die Geschwindigkeit über Grund und die Aufsetzgeschwindigkeit, wodurch sich auch geringere Ausrollstrecke oder im tatsächlichen Fall Ausrutschstrecke ergibt. Der Gleitwinkel kann typenweise sehr flach sein, so erreicht z. B. eine Cessna-152 mit stehendem Triebwerk aus 1.000 Fuß Höhe noch 1,2 Nautische Meilen (2,2 km). Während dieses Sinkfluges kann ohne Panik ein geeignetes Notlandefeld gewählt werden, sofern dieses von der überflogenen Landschaft geboten wird. Dies ist allerdings ein Kriterium der Flugvorbereitung und Flugwegführung. Man sollte sich beim Flug über eine hügelige oder felsige Geografie immer noch ein „Hintertürchen" für eine Außenlandung „offen" lassen, falls sich eine Störung abzeichnet oder sich ein Systemausfall andeutet.

Auch der Fall einer Notwasserung wird in Flugschulen unterrichtet und in Trockenübungen der Ablauf behandelt. Auf gewerblichem Gebiet wird zudem die „echte" Wasserberührung mit Kabinen- und Cockpitsegmenten trainiert mit anschließendem Ausstieg und entern der Rettungsinseln. Im Ernstfall sieht jedoch eine Wasserlandung mit einem Leichtflugzeug unterschiedlich aus. Das Verhalten des Flugzeugs bei der Wasserberührung hängt u. U. davon ab, ob es sich um einen Schulter- oder um einen Tiefdecker handelt. Auch ein starres oder ausgefahrenes Fahrwerk kann möglicherweise zu einem kopflastigen Moment führen. Auch bei diesem Manöver setzt man gegen den Wind auf dem Wasser auf. Dabei spielt der Höhenunterschied zwischen Wellenoberkante und Wellental eine Rolle, wobei der Schulterdecker während des parallelen Aufsetzens zur Wellenbewegung Vorteile gegenüber dem Tiefdecker hat. Die Funktion und Handhabung der Abwurf- und Öffnungseinrichtung von Türen und Cockpithauben sollte ebenfalls vertraut sein. Die Schwimmwesten dürfen erst nach Verlassen der Kabine aktiviert werden, da sie im aufgeblasenen Zustand logischerweise fatal behindern können.

Bei Triebwerksstörung in größerer Höhe sollte die Chance der Nähe der Küste oder eines Schiffes angesteuert werden. Der restliche Anflug wird in einem Winkel von ca. 45° zur Küste eingerichtet, damit möglichst parallel auf dem Landstreifen aufgesetzt werden kann. Damit wird eine bodennahe 90°-Kurve vermieden.

langen, den „Stall". Bei den ersten Anzeichen wird die Flugzeugnase soweit gesenkt und Motorleistung zugeführt, bis ein gesunder Anstellwinkel Strömung garantiert und genügend Fahrt anliegt.

Dieses Manöver kann auch in Reiseflugkonfiguration geflogen werden und nennt sich schlicht „Power on Stall", das bedeutet, dass mit Motorleistung der Strömungsabriss herbeigeführt wird. Hier zeigen sich überwiegend erstaunlich gutmütige Eigenschaften der meisten Flugzeuge. Mit kleineren im Ausbildungsprogramm demonstriert und geflogen, nicht jedoch mit größeren Flugzeugen. Das Flugzeug nimmt eine sehr steile Lage über dem Horizont ein – teilweise etwa 45°, bevor sich die ersten Anzeichen des Strömungsabrisses zeigen.

Ein zur Übung herbeigeführter Strömungsabriss zeigt dem Piloten nicht nur das Verhalten des Flugzeugs im Langsamflug, sondern auch den natürlichen „Überlebensdrang" des Flugzeugs selbst. Auch während des Strömungskollapses neigen die meisten Flugzeuge zur eigenständigen Wiederherstellung des sicheren Flugzustandes.

Anflug der Landebahn entlang der „Center Line" und auf dem richtigen Gleitpfad. Bei Ausfall des Triebwerks müsste schnell eine Notlande-Fläche gesucht werden, denn aus dieser Position wäre die Landebahn im Gleitflug noch nicht zu erreichen.

Belastungen – was ein Flugzeug aushalten muss

Beim Entwurf eines Flugzeugs hängt die Konstruktion vom späteren Einsatzspektrum ab. Nicht nur die aerodynamische Formgebung, sondern auch die unterschiedlichsten Belastungsbereiche müssen den späteren Anforderungen standhalten, ohne dass die Bauweise dort zu „schwer" wird, wo die eigentlichen Beanspruchungen gar nicht auftreten. Stellt man sich ein Flugzeug unter starker Belastung vor, dann meistens in einer Akrobatik-Flugfigur. Hierbei werden jedoch während des „Standard"-Programms kaum Werte über die dreifache Erdbeschleunigung – 3 g benötigt. Andere Beschleunigungen treten dann schon bei turbulenteren Szenarien auf. Doch einem Normalflugzeug werden maximal 4,4 g positive und 1,76 g negative Beschleunigung zugestanden. Diese werden im legalen Betrieb kaum erreicht. Es gibt jedoch Situationen, in denen kurzzeitige Spitzenbelastungen, z. B. bei vertikaler Böeneinwirkung, diese Grenzen antasten können.

Manövergeschwindigkeit dürfen die Beschleunigungswerte nicht überschritten werden, da ab hier mit strukturellen Schäden und darüber hinaus bei noch höherer Belastung wie z. B. durch „wilde" Flugmanöver mit strukturellen Ausfällen zu rechnen ist. Auch im Falle übertriebener negativer Überbeanspruchung kann dies die Folge sein.

Das Diagramm zeigt auch Fahrt-/Beschleunigungs-Konstellationen, bei denen eine Steigerung nicht mehr möglich ist, weil hier vorher der Strömungsabriss eintritt. So kann die aerodynamische Grenze fast als Sicherung vor der strukturellen Barriere gelten. Die bestbewährte Sicherung vor Schäden ist der behutsame Flugstil des Piloten. Ein ruppiger Umgang kann dadurch auch zu einem früheren Strömungsabriss führen als durch moderate Steuerführung, die nichts mit Ängstlichkeit zu tun haben muss.

Das Vn-Diagramm

Das Flugzeug soll innerhalb der in einem Vn-Diagramm aufgezeigten Bedingungen betrieben werden. Dazu gehört auch die höchstzulässige Geschwindigkeit. Auch bei der weit darunter liegenden

Segel-Kunstflug im Grenzbereich der Belastbarkeit: Das Vn – Diagramm bezeichnet das Geschwindigkeitsspektrum eines Flugzeuges in Beziehung zu auftretenden negativen und positiven Beschleunigungen währen des Fluges. Es beschreibt die strukturellen und die aerodynamischen Grenzen und die dahinter zu erwartenden Schäden und Ausfälle.

Von Lasten, Schwerpunkten und Hebelarmen

Wenn ein Fluglehrer dem Schüler in einem Cockpit mit zwei nebeneinander angebrachten Sitzen durch Nach-vorne-Beugen demonstriert, wie das Flugzeug allmählich „auf die Nase" geht – und umgekehrt, dann wird der Einfluss einer Gewichtsverlagerung sehr deutlich. Wenn man dies auf die Bedingungen in einem Verkehrsflugzeug überträgt, scheint der Vergleich zu hinken. Doch wenn ein Passagier sich mit 100 kg seines Gewichts 20 Meter vom Schwerpunkt entfernt, macht dies 100 x 20 = 2.000 Meterkilogramm als Hebelarm aus. Wenn sich nun mehrere Personen gleichzeitig zum

Einfaches Beispiel einer Schwerpunkt- und Beladungs-Berechnung, die im Prinzip bei allen Flugzeugen vorgenommen werden muss.

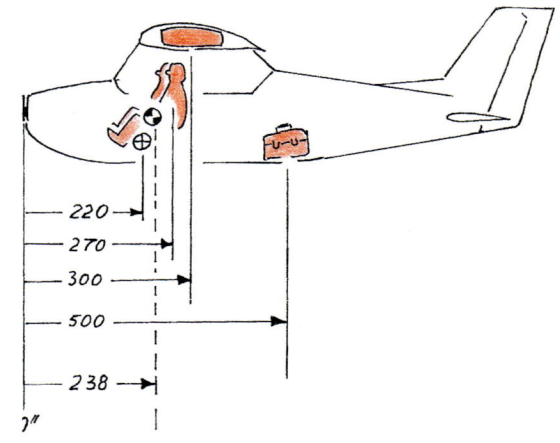

Spaziergang im Rumpf in eine Richtung verabreden, ergibt das eine kolossale Schwerpunktverschiebung. Auch in einem kleineren Flugzeug sind bestimmte Gewichtsverhältnisse zu beachten sowie der Punkt oder Bereich, in dem sich die Gewichte konzentrieren: der Schwerpunkt und die Beachtung des maximalen Abfluggewichts.

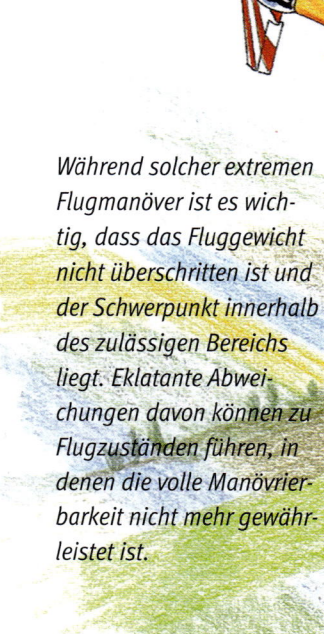

Während solcher extremen Flugmanöver ist es wichtig, dass das Fluggewicht nicht überschritten ist und der Schwerpunkt innerhalb des zulässigen Bereichs liegt. Eklatante Abweichungen davon können zu Flugzuständen führen, in denen die volle Manövrierbarkeit nicht mehr gewährleistet ist.

Doch zunächst zum Flugzeug selbst. Dieses weist ein Leergewicht auf, hinzu kommt die Ausrüstung. Beide zusammen bilden das Rüstgewicht. Mit der Zuladung der Personen, des Gepäcks und des Kraftstoffes ergibt sich das Fluggewicht.

Das leere Flugzeug hat auch einen Leergewichtsschwerpunkt, mit dessen Lage könnte das Flugzeug nicht fliegen. Die genannten restlichen „Zutaten" haben ein unterschiedliches Schwerpunktgebaren. So sitzen bei Viersitzern die beiden Piloten im Schwerpunkt und ihre Masse beeinflusst nur das Gesamtgewicht. Die beiden Passagiere sind dahinter platziert, wirken also in Richtung Schwanzlastigkeit. Der Kraftstoff ist in den Flügeltanks untergebracht, meist um den Schwerpunkt herum. Das Gepäck lagert hinter der Passagierkabine und sein Inhalt hat den größten Hebelarm, deshalb ist es auch deutlich beschränkt.

Berechnungsmäßig liegt der Ansatzpunkt sämtlicher Hebelarme an dem „Nullpunkt", der Station Null, Datum Line oder einfach Bezugsebene genannt. Diese senkrechte Bezugslinie kann entweder der Propeller-Flansch oder der Brandschott fixieren. Von hier aus wird der Ort der jeweiligen Einzellasten laut Flughandbuch mit dem Gewicht multipliziert und als Einzelmoment gelistet. So ergeben sich die Momente für Leergewicht, in dem auch Öl und nicht ausfliegbare Kraftstoffmenge enthalten sein können, der Passagiere und des Gepäcks. Die Einzelmomente ergeben das Gesamtmoment. Die einzelnen Gewichte führen zum Gesamtgewicht. Teilt man nun das Gesamtmoment durch das Gewicht, ergibt sich die Position, an der sich alles konzentriert: der Schwerpunkt. Dieser muss jetzt innerhalb des im Flughandbuch verzeichneten zulässigen Bereichs liegen und gemäß der Grafik oben links darf das maximale Gewicht nicht überschritten werden. Im Prinzip wird so jede Einzellast auf ihr Schwerpunktverhalten

geprüft, so dass jedes Flugzeug seine volle Steuerbarkeit behält. Die richtige Beladung und die Schwerpunktlage sind Grundvoraussetzungen für sicheres Fliegen. Schon die unterschiedliche Entleerung von Flächentanks kann während des Fluges zu einer winzigen Schräglage führen, die als „Minikurve" stetig aus der geplanten Flugrichtung lenkt. Kleine Maschinen können da sehr empfindlich reagieren.

Links ein Vn-Diagramm mit dem gesamten Fahrtspektrum und den positiven und negativen Beschleunigungsbereichen. Sie bilden die Schablone für sicheren Betrieb während verschiedener Flugmanöver. Rechts ist der Schwerpunktbereich in Funktion mit dem Fluggewicht dargestellt. Die obere Linie zeigt das maximale Abfluggewicht.

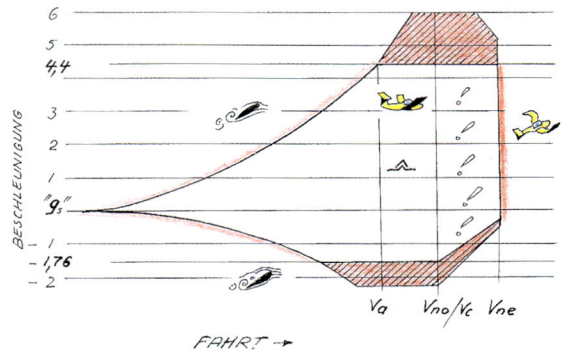

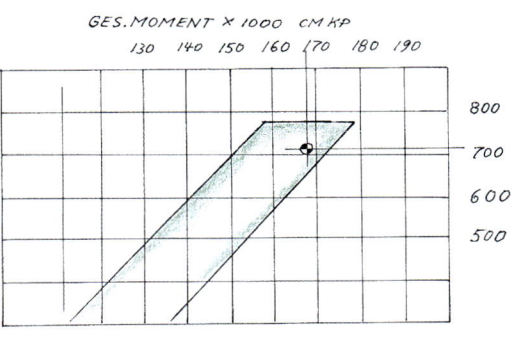

Diesem Doppeldecker sieht man die enorme Belastbarkeit an. Doch auch dieses Flugzeug darf nur innerhalb seiner vom Konstrukteur fest-gelegten Betriebsgrenzen geflogen werden. Sämtliche strukturellen Komponenten sind für eine bestimmte Höchstbeanspruchung ausgelegt.

Navigation

Viele Elemente der Navigation wurden aus der See-fahrt übernommen. Die verwendeten Bezeichnungen führen zum gleichen Ziel, dabei ist man bestrebt, der kürzesten Verbindungslinie zu folgen. Dies ist logisch, doch navigatorisch nicht immer einfach. Sieht man von den modernen GPS-Anzeigen ab und will einen „ökonomischen" Kurs berechnen, müssen verschiedene Faktoren berücksichtigt werden.

Der direkte Weg

Da ist zunächst der Kurs über Grund, den man verfolgen möchte. Dessen Festlegung ist bei kürzeren Entfernungen noch unproblematisch. Bei längeren, die über mehrere Längengrade führen, spielen deren Schnittwinkel beim Überflug eine nicht geringe Rolle. Fliegt man zum Beispiel mit gleich bleibendem Kurs von München nach Nordost, so wird man sämtliche Meridiane im gleichen Winkel überfliegen und mit dieser „Loxodrome" – der Kursgleichen, auf diesem Umweg am Nordpol landen. Fliegt man entlang der Großkreisroute – der „Orthodrome", legt

Bei der terrestrischen Navigation werden hauptsächlich geografisch markante Land-merkmale zur Verfolgung des Kurses genutzt oder in bestimmten Abständen als sogenannte Auffanglinien in der Karte markiert. Diese Navigation, bei der auch die Funknavigation begleitend genutzt wird, beruht auf dem Vergleich des Kartenbildes mit der Landschaft. Die Auffanglinien sind wichtig, wenn das Navi-gieren aufgrund schlechter Wetterverhältnisse und ausfallender Funksignale schwierig wird.

man zu einem Ziel die kürzeste Strecke zurück, muss allerdings ständig neuen Kurs berechnen. Ein solcher Großkreis wird z. B. vom Äquator und den einzelnen Meridianen gebildet.

Doch bleiben wir bei der Vorbereitung eines eher lokalen Fluges. Dazu nehmen wir eine Luftfahrerkarte im Maßstab 1:500.000. Dann zieht man einen Strich vom Startplatz zum nächsten Wendepunkt oder zum Zielflugplatz. Diesen Kurs über Grund nennt man auch den „rechtweisenden Kurs". Den entnehmen wir der Karte mit einem Kursdreieck an einem in der Mitte der Flugstrecke liegenden Meridian und messen 320°. Dazu berücksichtigt man die ortsverschiedene Abweichung der Kompassrose aus der geografischen Richtung, Ortsmissweisung genannt. Dies ergibt den „missweisenden Kurs". Mit diesem würde man bei Windstille den Zielflugplatz erreichen, doch in unserem Beispiel weht Wind aus 270 Grad mit 15 Knoten in der Höhe, in der wir fliegen werden.

Unsere Navigationsaufgabe können wir auch zeichnerisch lösen: Auf einem Blatt Papier ziehen wir – ausgehend von einem senkrechten Nord-Strich eine Linie in Richtung 320°. Dann setzen wir oben links den Wind mit 270° und der Stärke entsprechend luvwärts mit 15 Millimetern an. Um den Anfangspunkt des Windvektors schlagen wir einen Kreisbogen mit der Eigengeschwindigkeit von 100 Knoten, also 100 Millimetern. So ergeben sich am Schnittpunkt die Grundgeschwindigkeit, der Luv-Winkel nach links – also minus – und der rechtweisende Steuerkurs. Damit ergibt sich folgende Aufstellung:

Rechtweisender Kurs	320°
Luv-Winkel	- 007°
Rechtweisender Windkurs	313°
Ortsmissweisung (Ost)	- 002°
Missweisender Windkurs	311°
zu fliegender Kurs.	

Flug in Küstennähe – auch über dem Meer werden bei der terrestrischen Navigation werden wo immer möglich geografisch markante Landmerkmale, etwa Inseln, Häfen oder Leuchttürme zur Bestimmumg des Kurses genutzt.

Der Magnetkompass kann jedoch durch elektrische Kraftfelder und Metallteile abgelenkt werden, so dass auch diese Deviation einkalkuliert wird. Diese ist im Cockpit auf einer Tabelle verzeichnet. Beträgt diese z. B. in unserer Richtung plus 002°, wäre unser Kompasskurs 313°.

Die errechnete Geschwindigkeit über Grund beträgt 90 Knoten und die Flugstrecke 150 nautische Meilen. Somit werden wir voraussichtlich 1 Stunde

und 40 Minuten in der Luft sein. Gehen wir bei einer Reiseflugleistung, bei der Motordrehzahl, Ladedruck und Kraftstoffdurchfluss nach der Tabelle des Flughandbuchs eingestellt sind, von einem Spritverbrauch von 30 Litern pro Stunde aus, dann müssen wir mit einem Verbrauch alleine für die Flugstrecke von 50 Litern rechnen. Es ist auch möglich, dass bei Flügen nach längerem Warmlaufenlassen des Motors, Rollen und für den Steigflug, nicht richtig eingestellter Gemischbildung, fehlerhafter Tankanzeige, den Umfliegen von Schlechtwettergebieten, Mehrverbrauch durch aktivierte Vergaservorwärmung, möglichem stärkerem Gegenwind, geringerer Geschwindigkeit wegen doch höherer Zuladung oder Orientierungsverlust der Kraftstoffvorrat früher verbraucht ist. Deshalb muss eine ausreichende Reserve mitgeführt werden.

Die grafische Lösung ist eine Möglichkeit, es gibt aber selbstverständlich die bequemere mit dem Navigationsrechner, der jedoch intakte Batterien haben sollte! Es existiert auch immer noch der Navigationsdrehschieber – das „Glücksrad", dessen Beherrschung oft die Lebensdauer von Batterien nicht erreicht, doch außer dem Winddreieck stets alle Aufgaben lösen würde! Die terrestrische Navigation basiert auf dem ständigen Vergleich der Landschaft mit dem Kartenbild. Die Karte sollte immer so gehalten werden, dass sie mit geografisch Nord übereinstimmt.

In den verschiedenen Lufträumen werden bestimmte Wetterbedingungen für den Sichtflug verlangt. Diese sind nicht nur für die eigene Fluglagekontrolle und Navigation erforderlich, sondern auch zum frühzeitigen Erkennen anderer Luftfahrzeuge.

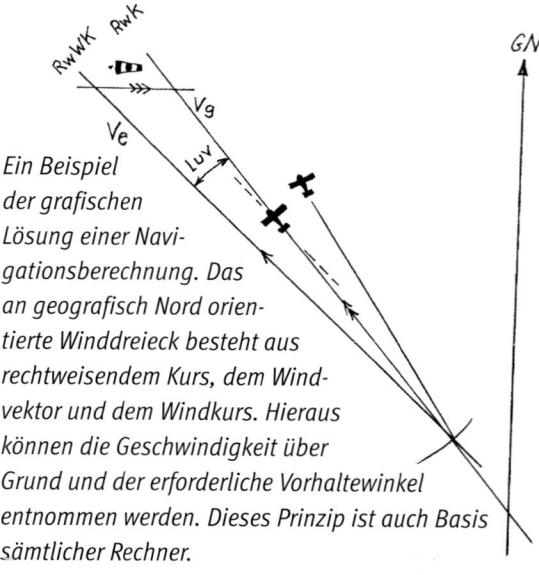

Ein Beispiel der grafischen Lösung einer Navigationsberechnung. Das an geografisch Nord orientierte Winddreieck besteht aus rechtweisendem Kurs, dem Windvektor und dem Windkurs. Hieraus können die Geschwindigkeit über Grund und der erforderliche Vorhaltewinkel entnommen werden. Dieses Prinzip ist auch Basis sämtlicher Rechner.

Der Luftraum ist eingeteilt

Einen wichtigen Platz in der Flugplanung nimmt die Luftraumstruktur ein. Man kann nicht immer geradeaus fliegen. Es gibt Lufträume, in die nur unter bestimmten Bedingungen eingeflogen werden darf. Dazu müssen Sichtminima, Wolkenabstände und bestimmte Flughöhen beachtet werden und das Luftfahrzeug muss eine gewisse Ausrüstung mitführen. Außerdem kann für die Benutzung von diversen Räumen eine spezielle Lizenzierung erforderlich sein wie zum Beispiel eine Instrumentenflugberechtigung. Die Luftraumstruktur ist auf den Luftfahrerkarten farbig dargestellt und wo erforderlich mit Höhenangaben versehen. Generell sind die meisten unteren Lufträume ab der gleichen Höhe über Grund beginnend oder über der mittleren Meereshöhe (MSL). Sie reichen bis zu einer bestimmten Höhe über MSL und führen weiter mit ei-

ner anderen Klassifizierung und anderen Flugbedingungen. Es wird unterteilt in Lufträume ohne Luftverkehrslenkung vom Boden aus oder „unkontrollierter Luftraum" genannt; darüber befindet sich der „kontrollierte Luftraum", also jener mit Flugverkehrslenkung. Die englische Bezeichnung „Controlled Airspace" meint statt „Kontrolle": Lenkung und Führung!

Doch beginnen wir zunächst unten. Hier liegt der unkontrollierte Luftraum, der ab Grund in Flughafenumgebung überwiegend bis 1.000 Fuß Höhe reicht. Er kann sich vereinzelt bis 1.700 Fuß und über weite Flächen zwischen den Gebieten mit Flughäfen bis in 2.500 Fuß Höhe ausdehnen. In diesem Raum muss so geflogen werden, dass Wolken nicht berührt werden und eine Flugsicht von mindestens 1,5 km herrscht, auch Hindernisse sollten rechtzeitig erkannt werden können. Dies ist in einer Mindesthöhe von 500 Fuß meist möglich.

Während des engen Verbandsfluges ist der Formationsführer für die Navigation zuständig. Diese Art des Fluges verlangt hohe Konzentration und schließt währenddessen ein „Kartenstudium" sämtlicher Beteiligter aus. Bei Ausfall des „Leaders" oder bei ausgedehnten Flügen wird die Formation eher aufgelockert und die Navigation wird individuell übernommen.

In manchen Ländern ist die Luftraumstruktur sehr komplex, besonders in Gebirgsregionen. Der Wechsel von verschiedenen Lufträumen oder der Übergang zu anderen Flugbedingungen erfordern gründliche Vorbereitung und konstante Aufmerksamkeit.

Auch auf dem Wasser beginnen manche Lufträume. In der Luft gelten dann auch für Flugboote oder Amphibien die Luftverkehrsregeln, denn sie sind dann ebenfalls Luftfahrzeuge.

In diesem Luftraum besteht keine Pflicht zur Funkverbindung, jedoch bleibt man immer auf der Frequenz des nächstgelegenen Flugplatzes, um auch so über den eventuellen Flugverkehr informiert zu sein. Sobald man in den darüber beginnenden Luftraum „E" einfliegt, sind höhere Bedingungen erforderlich. Die Flugsicht muss nun 8 km betragen, die Wolkenabstände von 300 m vertikal und 1,5 km horizontal sind einzuhalten.

Steigt man über 5.000 Fuß über MSL oder 3.500 Fuß über Grund, wird der Höhenmesser auf den Standardwert des mittleren Meeresspiegels von 1.013,25 Hektopascal eingestellt. Ab hier fliegen sämtliche Luftfahrzeuge basierend auf dieser Einstellung in Richtung des östlichen Halbkreises der Kompassrose in Höhen von ungeraden tausend Fuß plus 500 Fuß z. B. 5.500, 7.500 usw. Auf Gegenkurs in westlicher Halbkreisfläche in Höhen mit geraden Tausendern plus 500 Fuß wie z. B. 4.500, 6.500, 8.500 usw. Die Maschinen, welche nach Instrumentenflugregeln fliegen, halten sich in Flugflächen mit ungeraden tausend Fuß in östlicher Halbkreisrichtung auf und in westlicher Richtung in geraden Tausendern. So sind in diesen kontrollierten Lufträumen zwischen den Luftverkehrsteilnehmern stets 500 Fuß Vertikalabstand eingehalten. Diese Flugflächen enden für den Sichtflieger in Flugfläche 100, das sind 10.000 Fuß über der 1.013,25-hp-Bezugsfläche. In Alpennähe ist diese Regel bis Flugfläche 130 ausgedehnt. Darüber wird überwiegend nur noch nach Instrumentenflugregeln geflogen.

Um die Flughäfen ist eine sogenannte Kontrollzone errichtet, in die nur nach Aufnahme der Funkverbindung mit dem Tower eingeflogen werden darf. Auch hier sind strikte Bedingungen einzuhalten, denn hier besteht ebenfalls Verkehrslenkung. Die Flugsicht von 5 km sowie eine Hauptwolkenuntergrenze von 1.500 Fuß sind hier gefordert. Es kann auch nach „Sondersichtflugregel (Sonder-VFR) in

Einzelfällen ein- oder ausgeflogen werden. Dafür „genügen" dann 1,5 km Sicht, Mindestflughöhe 500 Fuß und Fernhalten von Wolken.

Die Kontrollzonen beginnen am Boden und enden in einer veröffentlichten Höhe über dem mittleren Meeresspiegel. Sie ragen nach oben in den kontrollierten Luftraum hinein, um auch an- und abfliegende Flugzeuge zu schützen und den Flugverkehr in ihrer Umgebung „lenkbar" zu halten. Über der „Control Zone" ist ein weiterer Luftraum aufgesetzt, um Luftfahrzeugen, die auf dem Flugweg hier nicht landen, sondern den limitierten Luftraum nur durchqueren wollen, den Weiterflug auf möglichst direktem Weg einzurichten. Dazu müssen die o. a. Wolkenabstände eingehalten werden können und die Mindestflugsicht muss 5 km betragen.

Dieser Luftraum „C" kann an den oberen Luftraum „C" in Flugfläche 100 anschließen oder noch darunter enden. Die gesamte Luftraumstruktur um einen Flughafen herum kann mit einer umgekehrten Hochzeitstorte verglichen werden (engl.: inverted wedding cake). Den gesamten Luftraum kann man sich von Fluginformationsgebieten überdeckt vorstellen.

Vorsicht, Militär!

Es existieren noch weitere speziell genutzte Lufträume wie die zeitlich restriktiv genutzten Räume für Militärflugzeuge. Diese können am Boden beginnen und sich in größere Höhen erstrecken, sind aber auch in großer Höhe des Luftraums „E" beginnend und weit in den Luftraum „C" hineinragend. Zu meiden sind auch die Gefahrengebiete, die am Boden beginnen und große Höhen erreichen. Gefährlich sind auch die militärischen Tiefflugstrecken, deren Band sich vertikal zwischen 500 und 1.500 Fuß über Grund bewegt und die man wochentags als reiner Sichtflieger meiden sollte. Deshalb finden die Sichtflüge allgemein in 2.000 Fuß über Grund statt, sofern dies die Luftraumstruktur, das Wetter und die Flugkontrolle ermöglichen. Doch mit Funkverbindung – auch mit der militärischen Flugverkehrskontrolle – lässt sich mancher Flugweg vereinfachen.

Verkehrsregeln in der Luft

Im unkontrollierten Luftraum wird hauptsächlich nach der Regel „sehen und gesehen werden" geflogen. Die Ausweichregeln schreiben „rechts" vor „links" vor, überholt wird ebenfalls rechts. Ein Über- oder Unterfliegen ist nicht erlaubt und das im Landeanflug befindliche Luftfahrzeug hat Vorflug-

In Höhen von mehr als 5.000 Fuß über dem mittleren Meeresspiegel wird nach der Standard-Höhenmessereinstellung geflogen. Dabei werden in östlicher Halbkreisrichtung bei Instrumentenflügen die ungeraden Tausender benutzt und auf dem westlichen die geraden. Dazwischen fliegen jeweils die Luftfahrzeuge nach Sichtflugregeln, sodass zwischen den einzelnen Luftverkehrsteilnehmern jeweils ein vertikaler Abstand von 500 Fuß (150 Meter) gesichert ist.

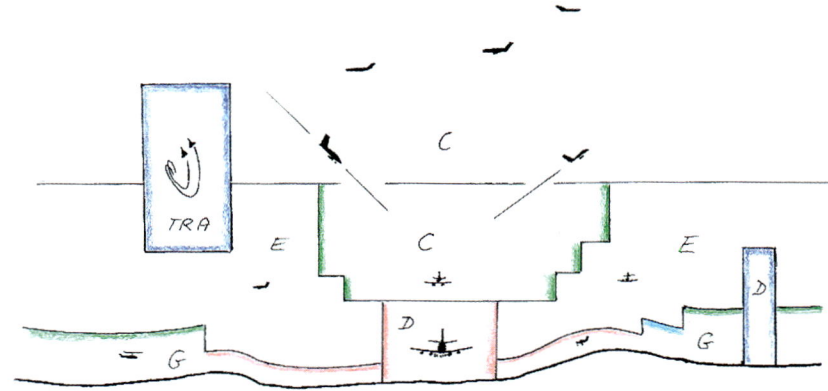

recht. Diese Regel gilt auch zwischen Luftfahrzeugen leichter und schwerer als Luft. Letztere haben den leichteren wie Ballonen und Luftschiffen auszuweichen. Motorgetriebene müssen den Segelflugzeugen sowie auch den sichtbar in Not befindlichen Luftfahrzeugen Vorflugrecht lassen. Beim Betrieb von Großflugzeugen gilt es je nach Wirbelschleppenkategorie, bestimmte Abstände bei Starts und Landungen einzuhalten. Die An- und Abflüge der jeweils leichteren Flugzeuge finden so statt, dass ihre Flugbahn oberhalb der starken Wirbelschleppen bleibt.

Militärische Übungsgebiete sind zu meiden – der Durchflug eines „jetwash" – des heißen Abgasstrahls der am Kapfjets – kann unangenehm für Flugzeug und Insassen sein.

Die wichtigsten Navigationsinstrumente im Blick: Höhenmesser zur Bestimmung der Flughöhe, Kreiselkompass zur Kursbestimmung und künstlicher Horizont zur Fluglage-Erkennung im Blindflug.

Die Wirbelschleppenkategorie wird u. a. auch im Flugplan vermerkt, der bei bestimmten Flugvorhaben eingereicht wird, wie z. B. für Flüge aus und nach Deutschland, für Instrumentenflüge, Sichtflüge bei Nacht und Kunstflüge im kontrollierten Luftraum. Er dient neben anderen Flugverkehrsprioritäten auch zur Überwachung der zeitgerechten Landung und ist Grundlage bei der Suche und Rettung in Not befindlicher Luftfahrzeuge. Der Plan beinhaltet die Luftfahrzeug-Kennung, Flugregeln (IFR oder VFR), Muster, Ausrüstung, Startflugplatz und Zeit, Geschwindigkeit, Reisehöhe, Flugstrecke, Zielflugplatz, Flugdauer, Ausweichflugplätze, Insassen, zusätzliche Angaben.

Flüge im Gebirge

Aus dem Verkehrsflugzeug heraus betrachtet wird der Blick über die Alpenwelt meist als „grandios" beschrieben. In diesen Flughöhen werden auch die meisten Wetterunbilden sicher überflogen und Turbulenzen sind meist nur dem Passagierkomfort etwas abträglich, aber für die Flugzeugstruktur tolerabel. In dieser Reiseflughöhe sind dennoch starke Gegen- oder Rückenwinde zu verzeichnen, wie sie z. B. bei Föhnwetterlagen auftreten. Hier oben scheint die Flugwelt soweit noch in Ordnung zu sein. Doch in geringeren Höhen kann man auch andere Bedingungen antreffen.

Leistung sinkt in der Höhe

In Höhe der Zugspitze, Deutschlands höchstem Berg, gewinnt man bei guten Sichtverhältnissen eine überwältigende Übersicht über die Alpenwelt. Doch in diesem Höhenbereich erfährt das „kleinere" Flugzeug – nennen wir es Piper oder Cessna – eine deutliche Leistungseinbuße. Diese macht sich auch bereits in geringerer Höhe bemerkbar, wenn Bergkämme überflogen werden sollen und wenn man feststellt, dass ein enger werdendes ansteigendes Tal am Ende doch nicht geradeaus verlassen werden kann und mit einer etwas gewagten Umkehrkurve der Rückweg angetreten werden muss.

Beim Anflug aus Norden auf die Alpenkette sieht man zunächst auf die beschatteten Berghänge und kann bei stärkerem Wind teilweise durch Schneefahnen die Strömung nachvollziehen – eine wichtige Beobachtung bei der Planung des Überflugweges

Flüge im Gebirge verlangen eine besonders gründliche Vorbereitung. Die Wetterbedingungen können sich sehr rasch ändern und der Flugweg muss gegebenenfalls spontan gewechselt werden. So euphorisierend die überragenden Eindrücke oft sind, genauso können manche Situationen zur ernüchternden Erkenntnis führen, dass man vor einer Bergwand oder an einer geschlossenen Wolkendecke umkehren muss.

unterhalb der „Sauerstoffgrenze". Diese liegt bei 12.000 Fuß und verlangt die Mitnahme von Atemsauerstoff, wenn man längere Zeit über ihr bleiben will. Das Entlangfliegen von Berghängen sollte immer auf der Luvseite geplant sein, die Leewirbel können wie beim Föhn gewaltige Ausmaße erreichen. Bei der Durchquerung muss in sommerlicher Jahreszeit früh aufgestiegen werden, dann kann noch meist ohne kondensationsbedinge Behinderung über die Pässe geflogen werden.

Sind auch die Berge der Umgebung dann „drin" in den Wolken, kann man sich manchmal nur über Umwege durchzwängen, bevor auch diese Wolken sich zu weit auftürmen oder über die Sauerstoffgrenze hinausragen. Dann heißt es „Umdrehen".

Einen attraktiven Anblick bieten die mit Nebel gefüllten Täler, die allerdings eine Landung ausschließen, auch die Bergrücken laden nicht dazu ein. Zweimotorig klingt der Weiterflug dann doch besser. Bevor man sich mit dem Flugzeug zu weit hinein und hinauf in die Bergwelt wagt, muss man den Forderungen der Einweisungsbedingungen der Alpenländer entsprechen, damit man den richtigen Blick für die Wetterentwicklungen erhält und die persönlichen Leistungen und jene des Flugzeugs richtig einschätzt.

Wetter kann gefährlich werden

Meist ist der Anblick der Bergwelt so überwältigend, dass man wichtige Faktoren für Mensch und Flugzeug einfach vergisst. So ist das Triebwerk für optimale Leistung einzustellen, damit auch der Steigflugwinkel über den voraus liegenden Bergrücken reicht, vorausschauend ist auch der Horizont des nächsten Kammes zu prüfen, ob dieser nicht bei Anflug wolkenverhangen sein wird. Diese konturierten Bergabschnitte und Pässe überfliegt man zunächst in spitzem Winkel, damit man wegkurven kann, wenn man feststellt, das Höhenpolster ist zu gering.

In Pässen oder in einem enger werdenden Gebirgsrelief kann bei starkem Wind der „Venturi-Effekt" entstehen, der bekanntlich auch Einfluss auf Luftdruck und Geschwindigkeit hat. So kann die Höhenanzeige verfälscht sein und der Überflug somit gefährdet. Sehr gewöhnungsbedürftig ist besonders für den fliegerischen Anfänger das Einschätzen von Abständen über der Baumgrenze wie z. B. zu Felswänden, da hier oft totale Kontrastarmut herrscht.

Eine andere Training erfordernde Eigenheit im Gebirge ist oft die Lage von Landeplätzen. Nicht nur durch Neigung oder Gefälle, sondern auch durch bizarre Umgebung können sie eine optische Täuschung hervorrufen und zu Fehlanflügen verführen.

Eigentlich paradox: ein Flugboot im Gebirge. Doch zahlreiche Gebirgsseen bieten Gelegenheit zum Wassern. Das gezeigte Amphibium verfügt zudem über ein Einziehfahrwerk zum Landen auf festen Pisten. Das Durchstoßen einer geschlossenen Wolkendecke zum Anflug auf einen Flugplatz kann in den Bergen sehr gefährlich sein und sollte wo immer möglich vermieden werden.

Die Douglas DC-6 war Jahrzehnte auch über den Gebirgen der Welt zu Hause. Sie wurde auch von vielen Fluggesellschaften eingesetzt, deren Sitz in Bergregionen lag und von dort aus den Flugbetrieb organisieren. Die Maschine wurde in großen Stückzahlen gebaut.

Gebirgs-Wasserflieger in Kanada: In manchen Ländern gehört das schwimmfähige Flugzeug zu den lebensnotwendigen Transportmitteln in unzugängliche Regionen ohne Flugplätze oder es fungiert als „Taxi" zwischen Inseln.

Die manchmal sehr hoch gelegenen Flugplätze sind charakteristisch auch für den Leistungsschwund der Luftfahrzeuge. Das Triebwerk leistet deutlich weniger als im Flachland und die reduzierte Luftdichte lässt Flugmanöver wie engere Kurven nicht mehr zu. Das bedeutet auch ein rasches Näherkommen der Bergwände wie bei Umkehrkurven, da der Radius aerodynamisch bedingt zunimmt.

Bei bestimmten Wetterlagen sind sehr starke Vertikalströmungen zu beachten. Im Leegebiet von Berghängen können Abwinde die Steigleistung des Flugzeugs überfordern. Andererseits sind enorme Aufwinde auch ohne den charakteristischen Föhnsturm auf der Luvseite zu erwarten. An Südhängen wirkt zusätzlich die direkte Sonneneinstrahlung, wodurch die Ablösung von Thermikblasen die Steigrate erhöht, aber auch zu erheblicher Böigkeit führen kann. Der Empfang des Sprechfunkverkehrs ist zwischen den Tälern eingeschränkt und wo auch Navigationsanlagen abgeschattet sind, muss man sich – sofern kein GPS verfügbar ist – mit terrestrischer Navigation begnügen. Auch wenn man sich beim Durch- oder Überflug einsam vorkommt, entlang sogenannter „Rennstrecken" herrscht oft reger Flugverkehr.

Bei marginalen Wetterlagen konzentrieren sich die Flugbewegungen auf schmale „Kanäle", auch hier gilt „Sehen und gesehen werden". Bei großzügigen Wetterlagen lenkt wiederum die Faszination der Landschaft vom eigentlichen Flughandwerk ab, so dass ein ständiger Kompromiss zugunsten der Sicherheit gefordert ist.

Hat man den Alpenhauptkamm glücklich und gekonnt überflogen, können durchaus weitere Massive im Flug-Wege stehen. Die französischen Seealpen sind ebenso mit Respekt zu befliegen – ein Blick auf die Luftfahrtkarte gibt Aufschluss!

Fliegen über dem Wasser

Das Fliegen über Wasserflächen ist bei guten Wetterbedingungen besonders reizvoll, wenn dabei attraktive Küstenregionen sichtbar sind. Riviera oder Adria! Wer hat da nicht Lust auf einen kleinen Abstecher, wo sich während eines Rundfluges hervorragende Fotomotive bieten? Auch Gebirgsregionen haben ihre bilderbuchartigen Seen, die häufig zu Änderungen des geplanten Flugweges verleiten. Hier wird die Schönheit des Fliegens direkt offenbar – aber auch die Notwendigkeit, einige Faktoren zu beachten.

Gebirgsseen und Küsten

Die Ablenkung durch das Erlebnis einer derart beeindruckenden Umgebung lässt oft vergessen, dass bei technischen Störungen irgendwelcher Art gerade in der Nähe solcher Bereiche kaum die Möglichkeit einer sicheren Landung besteht. Steilufer oder bewohnte Streifen sind zu schmal und für eine Wasserung fehlt meist die Vorbereitung, geschweige die Ausrüstung. So muss stets für eine ausreichende Höhe über dem angrenzenden Ufergelände geplant und ein Ausweg offen gehalten werden. Bei dunstigem Wetter kommt für Sichtflieger der stufenlose Übergang der Wasseroberfläche in den Horizont erschwerend hinzu, da hier für die Fluglagekontrolle wichtige Referenzen fehlen. Außerdem ist es bei ruhiger oder glatter Wasseroberfläche fast unmöglich, die Höhe abzuschätzen. In solchen Wetterlagen kehrt man rechtzeitig um, da Seen zum Gebirge hin oft schmäler werden und vor den Uferhängen engere Kurven erfordern. Besonders in solchen Situationen, in denen halb nach Instrumenten, halb nach Sicht geflogen wird, sollte man immer zugunsten der Sicherheit entscheiden.

Flüge über offenem Meer

Auch für einen geplanten Flug über der offenen See sind ernst zu nehmende Vorbereitungen zu treffen. Es ist für ausreichend Kraftstoff zu sorgen. Die Verfolgung des beabsichtigten Flugweges über ausgedehnten Wasserflächen ist nur durch eine exakte navigatorische Berechnung möglich, besonders dann, wenn einmal das GPS „aussteigen" sollte. Der Wind kann in Richtung und Stärke wechseln und die Geschwindigkeit über Grund/Wasser sowie den zurückgelegten Weg „aus dem Ruder laufen" lassen. So wurden von vielen schon die falschen Inseln angeflogen oder der Flug endete mit „nassen Füßen".

Die Conversion der „Twin Otter" vom Landflugzeug zum Wasserflugzeug beweist ihre Vielfältigkeit. Diese wird auch von den eingesetzten Piloten vorausgesetzt. Zu den fliegerischen Fähigkeiten gehören auch Kenntnisse der typischen Wetterlagen und möglichen Unwägbarkeiten der Seeregionen.

Seewind und Landwind

An sonnigen Tagen erwärmt sich die Luftmasse über Land rascher als über See. Durch ihren Anstieg entsteht ein Kreislauf, in dem die Strömung in der Höhe mit Abkühlung zum Meer und in tieferen Schichten landeinwärts fließt – Seewind genannt. In der Nacht kehrt sich dieser Kreislauf um, die Strömung ist als Landwind bekannt.

Ohne zuverlässige Wetterprognose kann es zum Hazardspiel werden, wenn der Flug zwischen mehreren Wolkenschichten fortgesetzt wird. Unter Sichtflugbedingungen und ohne genaue Information über die Wetterbedingungen am Zielflugplatz sollte man sich nicht auf ein solches Abenteuer einlassen, es sei denn die Besatzung besitzt Instrumentenflugberechtigung und das Flugzeug ist dafür ausgerüstet und zugelassen.

Wie über dem Land rechnet man mit einer Richtungsänderung des Höhenwindes oberhalb der Reibungsschicht mit ca. 30° und einer Verdopplung der Stärke. Zwischen Inseln und Festland kann sich ein Venturi-Effekt bilden und die Windgeschwindigkeit beschleunigen. Von See herdriftende Wolken oder Nebelbänke können am Küstenstreifen aufliegen und den Flug zum Landinneren behindern.

Aus diesen triftigen Gründen ist eine gründliche Wetterberatung einzuholen, auch schon deshalb, weil das Wetter an der Küste und über See anders als im Binnenland funktioniert. Die Luftmassen werden vom Wasser anders abgekühlt oder erwärmt als von der Erdoberfläche. So ergeben sich charakteristische Wettergesetze für die Luftfahrt dieser Regionen.

Zur gründlichen Vorbereitung gehören noch weitere Aktivitäten. Es genügt nicht nur das Mitführen von Seenotausrüstung, sondern man muss auch genau wissen, wie man sie benützt. Eine Trockenübung mit bereits gebrauchten oder abgelegten Schwimm-

westen oder Rettungsinseln gibt einen Vertrauensvorschuss in die Handhabung. Auch das richtige Verhalten während der Wasserung, dem Verlassen des Luftfahrzeugs, dem Öffnen oder Abwerfen von Türen oder Ausstiegen und das Verhalten im Wasser selbst sollte man sich genau einprägen. Wenn man im Ernstfall noch nach Griffen suchen muss, kann man keinen Badespaß erwarten. Auch die Unterbringung der Ausrüstung muss hindernisfrei bleiben. Metallene Gegenstände wie z. B. Pressluftflaschen sollten nicht in Kompassnähe lagern, denn sie können Abweichungen verursachen, die bei der Navigation katastrophal enden würden!

Eine Notwasserung sollte stets in Richtung der Küste erfolgen. Geht der Sprit zur Neige, ist die Nähe eines Schiffes sehr hilfreich. Auch wie über Binnengewässern ist über See oder entlang von Küstenstreifen in dunstigen Wetterbedingungen die Horizontnähe u. U. sehr kontrastarm, was das Einhalten der Fluglage erschwert. Wenn aus Wettergründen der Sichtflug in geringerer Höhe fortgesetzt wird, ist ohne exakten Höhenmesser bzw. Radarhöhenanzeige der Abstand zur Wasseroberfläche nur schwer abzuschätzen. Sind keine Objekte bekannter Größe wie Wasserfahrzeuge oder auch Wassertiere sichtbar, ist die Wellenhöhe schwer einzuschätzen. Der

ausgedehnte Flug über Wasser mit einem einmotorigen Flugzeug sollte nicht spontan aus einer Laune heraus, sondern nach gründlicher Vorbereitung angetreten werden. Nachzulesen schon bei Lindbergh, Köhl, Alcock-Brown und anderen Flugpionieren.

Winterflugbetrieb

Während der kalten Jahreszeit leidet das Flugzeug mit. Sofern es hangariert ist, werden besonders die elektronischen Komponenten geschont, allerdings durchlaufen sie gewöhnlich nach dem Verbringen des Flugzeugs ins Freie unter Umständen drastische Temperaturunterschiede. Außerhalb unter freien Himmel geparkte Flugzeuge haben sich zwar an die Tieftemperatur „gewöhnt", widerstreben jedoch oft mehreren Anlassversuchen und gerade dann, wenn man umfangreiche Befreiungsarbeit von Schnee und Eis geleistet hat. Bevor an einen Flug gedacht werden kann, muss die Flugzeugzelle ihr „echtes" Profil zeigen, das heißt Flügel, Rumpf und Leitwerke müssen vollkommen frei sein. Die Lufteinlassöffnungen des Triebwerks und andere Zuführungen dürfen nicht verstopft sein. Das größte Problem am Boden im Winter stellt der Anlassvorgang des Triebwerks dar. Der

steife Ölfilm in den Gleitstellen wie in den Zylindern kann durch Drehen des Propellers von Hand etwas „verrieben" werden, bevor die Batterie zum Starten bemüht wird. Auch an die Sicherung der Räder muss gedacht werden, nicht drehende Räder können nach einem unversehens hochtourig anspringenden Motor vorwärts rutschen. Mit von innen beschlagenen Cockpitscheiben darf erst gar nicht losgerollt werden. Auf verschneiten Rollwegen sind die Radbremsen mit Vorsicht zu behandeln, vereiste Pfützen und Seitenwind haben schon manches Flugzeug vom Start abgehalten und Tiefdecker können mit einem Tragflügel einen Schneewall ankratzen.

Vor der Flugabsicht muss die Wetterprognose eingeholt und auch ernst genommen werden. So kann sich z. B. der nach oben verdünnte Hochnebel, der sich wie ein Dom über die Mittagszeit in die gesamte Nebelschicht hineingebildet hat und zu einem Rundflug verlockt, bei sinkender Temperatur wieder schließen. Deshalb sollte beim „Auftauchen" aus einer Nebelschicht heraus rechtzeitig ein Loch zum Durchflug gesichert sein, denn manche legal zum Abstieg nutzbaren Nebelspalten sind nach einer Kurve einfach weg. Dann muss über der Nebeldecke

„If in doubt – keep out!"
Die Befolgung dieser alten englischen Empfehlung hat schon manche fatale Überraschung verhindert. Sie besagt im übertragenen Sinne, dass man im Zweifelsfalle im Gebirge entweder erst gar nicht den Flug antritt oder bei Konfrontation mit schwierigen Bedingungen wie aufliegenden Wolken, Gewitter oder Föhnsturm umkehrt. Angesichts der oft unvergesslichen Aussicht ein schwerer Entschluss!

ein nebelfreier Flugplatz aufgesucht werden. Solche Nebelfallen entstehen besonders bei Abkühlung feuchter Luftmassen über einer Schneefläche. Über einer Nebelschicht oder einer Inversionsschicht (Temperaturumkehr) herrschen oft drastische Windscherungen, das bedeutet eine völlig andere Windrichtung, welche die Navigation erheblich erschweren kann, sofern funknavigatorische Möglichkeiten fehlen oder GPS nicht verfügbar ist.

Beim erstmaligen Flug über einer verschneiten Landschaft fällt die gravierend veränderte Erscheinung der Topografie auf. Die terrestrische Navigation wird durch nahezu konturlose und nahtlos übergehende Flächen sowie die reduzierte Anzahl von markanten Punkten erschwert. Es bleiben dann nur auffallende Referenzlinien wie Flüsse, Kanäle, Autobahnen und wichtige Straßen sowie Bahnlinien meist noch erkennbar. Allerdings kann es je nach Schneehöhe länger dauern, bis sie bei stumpfwinkeligem Überflug entdeckt werden. Relativ gut heben sich die Masten von Überlandleitungen vom weißen Untergrund ab. Erwähnenswert deshalb, weil bei Flügen in marginalen Wetterverhältnissen ein frühzeitiges Erfassen unabdingbar ist.

Bei sonnenbeschienener Erdoberfläche ist die Höhe über Grund sowie die eigene Lage im Raum wesentlich besser zu beurteilen. Auch der Schatten des Flugzeugs liefert beim Überflug hügeliger Landschaften wertvolle Hinweise. Tückisch können ver-

schwimmende oder ineinander übergehende Konturen sein, wenn ein bergiger Abschnitt durch diffuse Beleuchtung im Vordergrund verschwindet und in die Flugbahn hineinragt. Gerade bei Landeanflügen kann ein solcher Hügel gelegentlich übersehen werden. Bei Sonnenschein heben sich auch kleinste schneebedeckte Geländeveränderungen hervor. Ein zu flacher Anflug sollte vermieden werden, selbst wenn die Schneefläche noch so plastisch erscheint.

Glücklich ist, wer eine von Schnee und Eis befreite Landebahn vorfindet. Es kann auch auf einer festen Schneefläche gelandet werden, sofern ihre Länge ausreicht und das Flugzeug ohne kräftigen Bremseneinsatz zum Stehen kommt.

Etwas problematischer gestaltet sich die Landung auf teilweise schneeverwehter oder vereister Piste. Sofern noch eine seitliche Hälfte der Bahn frei ist und meist sind diese Flächen auch breit genug, sollte nicht darauf bestanden werden, genauestens entlang über der Mittellinie aufzusetzen. Das der Schneeseite zugewandte Fahrwerk kann in einer Schneewehe so stark abgebremst werden, dass das Flugzeug seitlich ausbrechen kann. Mit diesen Verwehungen von der Seite geht oft ein spürbarer Seitenwind einher, der ein konsequentes Beherrschen der Seitenwindlandetechnik erfordert. Der Einsatz der Radbremsen kann auch hier etwas tückisch sein, da die Griffigkeit der Fläche unterschiedlich ist und die Richtungssteuerung mit nachlassender Fahrt allein durch das Seitenruder weniger effektiv wird. Eine sonnenbeschienene Schneefläche ist optisch wesentlich „greifbarer" als in mangelhafter Beleuchtung. Auch das plötzliche Verschwinden der Sonne hinter einer Wolke oder einem Kondensstreifen führt zu unerwarteter Konturarmut einer weißen Landefläche. Wenn das „Trapez" der Landebahn anhand von Markierungen nicht exakt auszumachen ist, sollte der Landeanflug abgebrochen werden. In Notfällen helfen Gegenstände bekannter Größe wie in der Gebirgsfliegerei. Bereits in der Nähe der Aufsetzzone abgestellte Fahrzeuge oder im sicheren Abstand stehende Personen bilden ein brauchbares optisches „Geländer", an dem man sich orientieren

Gebirgsregionen sind oft so faszinierend, dass sie von der eigentlichen Aufgabe des Fluges ablenken können. Man sollte sich über wilder Landschaft hin und wieder die Frage stellen: „Was wäre wenn jetzt ... zum Beispiel der Motor ausfallen würde?" Diese Risiken sollte man sich stets bewusst machen.

kann. Ein abruptes Ausbleiben des Sonnenscheins kann über einer geschlossenen Schneedecke sogar zum Verlust der räumlichen Orientierung führen – eine Erfahrung, die auch den Hubschrauberpiloten bekannt ist.

Ein wichtiges Kapitel des Winterflugbetriebes betrifft die Vereisung. Je tiefer die Außentemperatur sinkt, desto weniger Wasserdampf nimmt die Luftmasse auf. Es kommt auch vor, dass ein aus „kälterer" Höhe sinkendes Flugzeug sich in wärmerer Luftschicht mit Rauhreif überzieht. Hier hat sich die vorhandene Feuchtigkeit an der Flugzeughaut angesetzt.

Die im Kapitel „Wetter" erwähnten Vereisungsformen im Bereich von Fronten treten selbstverständlich auch im Winter auf. Unterhalb des aufgleitenden Warmluftkeils kann unterkühlter Regen ausfallen und das Flugzeug mit Klareis überziehen. Es kann ein beträchtlicher Gewichtszuwachs entstehen und Rudersegmente können in ihrer Beweglichkeit gehemmt werden. Das kleintropfige Wasser von Schichtwolken kann als Rauheis an den Profilvorder-

partien ansetzen, wobei es durch seine im Querschnitt betrachtete Pilzform die Strömungsverhältnisse eklatant stört.

Den Eisansatz kann man durch verschiedene Mittel verhindern. Entweder versorgt man die sensiblen Flügel- und Leitwerksegmente mit Warmluft oder mit elektrischer Aufheizung, selbst chemische Mittel sind teilweise im Einsatz wie z. B. an Propellerblättern, sofern diese nicht elektrische Matten aufweisen. Zur Enteisung dienen aufblasbare Gummimatten, mit deren Aktivierung die Eisschicht abgesprengt wird. Auch die Staurohre, die zur Messung der Fahrt dienen, sind bei den größeren Flugzeugen heizbar. Die Öffnungen zur Abnahme des statischen Druckes liegen meist hinter einem geschützten Ausschnitt. Auch die Frontscheiben sind bei größeren Flugzeugen konstant beheizt, bei kleineren Exemplaren reicht die Versorgung mit Warmluft meist aus. Was abplatzende Eisstücke anrichten können, beweisen Eindrücke im Rumpf auf Höhe der Propeller!

Hier zeigt sich die Schönheit des Fliegens. Doch diese eindrucksvollen Aussichten sollen mit der sicher scheinenden Höhe nicht in ein Gefühl der Gefahrlosigkeit einlullen lassen. Es muss stets ein Tal mit einer zuverlässigen Landemöglichkeit „im Hinterkopf" benalten werden. Ein Aufstieg über die Sauerstoffgrenze bedarf besonderer Aufmerksamkeit. Die Bergsteigerkrankheit kann auch Flieger erfassen.

Wolken und Sonnenschein – kleine Wetterkunde

Selbst Nichtflieger akzeptieren schnell, wenn aus Wettergründen ein Flug verschoben wird oder ausfallen muss. Dies kann der Fall sein, wenn der Wind zu heftig bläst, zu starke Vereisung droht, eine Gewitterfront im Wege steht, die Sicht zu schlecht ist oder Nebelbildung zu erwarten ist. Oft stößt der Aviatiker auf Unverständnis seiner Passagiere, wenn er es angesichts momentan „schöner" Bedingungen wagt, einen Flug abzusagen. Gerade diese Haltung sollte nicht missverstanden werden, denn das Wetter kann sich plötzlich ändern und hier kann man keine Ventile verstellen.

Wetter in der Troposphäre

Unser Wettergeschehen findet in einer Schicht statt, die sich Troposphäre nennt. Hier nehmen mit der Höhe der Luftdruck und die Temperatur ab, in dieser Schicht befindet sich der gesamte Wasserdampf. Das Wettergeschehen wird von unterschiedlichen Faktoren beeinflusst, besonders vom Einstrahlungswinkel der Sonne auf die Erde, wobei darüber liegende Luftmassen auch abhängig von der Beschaffenheit der Erdoberfläche unterschiedlich erwärmt

Bereits die ersten Flieger waren wetterabhängig, wir sind es noch heute. Im Unterschied zu damals hat man gegenwärtig bessere Möglichkeiten einer Wettervorhersage, die sich über die gesamte Flugdauer erstrecken kann. Das konnte damals nicht immer gewährleistet werden, da die Kenntnisse und Mittel fehlten. So führten immer wieder Flüge in völlig ungeeignete Wetterlagen. Allerdings kommt dies auch heute noch vor – trotz ausgefeilter Vorhersagetechnik.

werden. Die Bewegungsrichtung und Geschwindigkeit werden durch den Ausgleich ihrer Luftdruckunterschiede sowie durch die Erdrotation bestimmt.

Die Sonne ist der Starter für den Wettermotor und für die Entstehung der Hoch- und Tiefdruckgebiete. In Äquatornähe entsteht durch vehementen Aufstieg von Warmluft eine Tiefdruckrinne. Die Luftmasse strömt in der Höhe polwärts und sinkt bei Abkühlung wieder erdwärts. Durch Einfluss der Corioliskraft wird die Strömung abgelenkt, so dass auf der Nordhalbkugel ein Hoch im Uhrzeigersinn – ein Tief entgegen dreht. Dieser Mechanismus kann in drei Strömungsschleifen dargestellt werden. Diese bewegen sich in der Höhe am Rand der Tropopause, die am Äquator in 13 km und an den Polen 6 km hoch sein kann. Anhand der Isobaren, den Linien gleichen Luftdrucks auf der Wetterkarte, erkennt man, dass die Luftmassen aus dem rechtsdrehenden Hoch herausfließen und in das linksdrehende Tief einwärts. So kann man bereits grob die herrschende Windrichtung analysieren und bei dichter Drängung dieser Linien annehmen, dass dort hohe Windgeschwindigkeiten zu erwarten sind. Mit zunehmender Höhe ändert sich die Windrichtung um etwa 30° nach rechts und die Windgeschwindigkeit verdoppelt sich wegen der abnehmenden Reibung an der Erdoberfläche.

Wolken und ihre Entstehung

Die Wolken bilden sich nur unter bestimmten Bedingungen. Diese sind Luftfeuchtigkeit, Schichtung der Atmosphäre, Temperatur und Bewegung der Luftmasse. Die Luft trägt eine bestimmte Menge an unsichtbarem Wasserdampf. Die maximale Feuchte ist jene Menge, die eine Luftmasse vor der Kondensa-

*Der Starter des Wetter-
motors ist die Sonne,
die mit der größten
Kraft in Äquatornähe
Warmluftmassen zum
Aufstieg bringt. Die Zir-
kulation der Luftmas-
sen über den gesamten
Globus wird hier ange-
stoßen. Die Einwirkung
der Corioliskraft verleiht
dem System die cha-
rakteristische Rotation
der Hoch- und der Tief-
drucksysteme. Auch deren
Entstehung basiert auf einem zwar nicht immer ver-
ständlichen, doch halb-
wegs logischen Prinzip.*

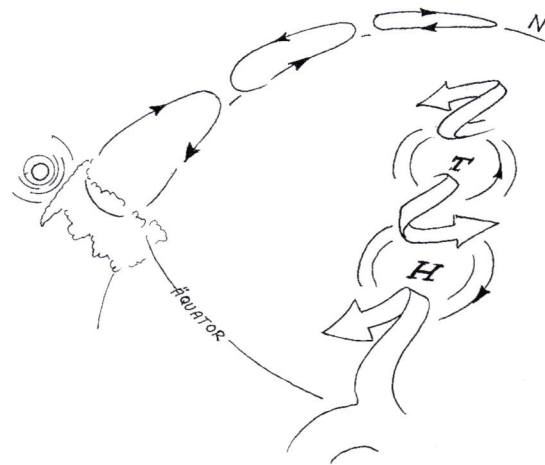

tion tragen kann, dann aber sichtbar wird. Die absolute Feuchte ist die vorhandene augenblicklich ge-
tragene. Die relative Luftfeuchte ist die absolute im
Verhältnis zur maximalen.

Eine wichtige Voraussetzung ist der Temperatur-
unterschied zwischen der am Boden erwärmten
Luftmasse, die als leichtere in der kälteren schwereren Umgebungsluftmasse zu steigen beginnt und
sich pro 100 Meter um 1° Celsius abkühlt. Die Luftmasse wurde am Boden auf 30° erwärmt und weist
eine relative Feuchte von 60% auf, das sind bei einem Kilogramm Luft absolut ca. 14 Gramm Wasser-

*Das hier gezeigte Beispiel
einer Wolkenbildung be-
ginnt mit der unterschiedlichen Erwärmung der
Luftmasse durch Sonnen-
einstrahlung. Das er-
wärmte und somit leich-
tere Luftpaket hebt ab und
steigt bis zur Kondensati-
onshöhe an, wo es die vorhandene Feuchtigkeit
nicht mehr tragen kann
und sich hier der sichtbare
Wasserdampf als Wolke
zeigt.*

dampf, da sie bei dieser jetzigen Temperatur ca. 27
Gramm tragen könnte. Das aufsteigende Luftpaket
hat sich dann in einer Höhe von 1.500 Metern auf ca.
15° abgekühlt, mit der es nur 14 Gramm Wasserdampf tragen kann, also die maximale Feuchte erreicht und diese kondensiert.

Ab der Kondensationsgrenze kühlt sich die aufsteigende Luft nur noch mit einem halben Grad Celsius pro 100 Meter ab, also langsamer, aber als
Wolke sichtbar. Es gibt atmosphärische Schichtun-
gen, die bei größerer Labilität, d. h. schnellere Tem-
peraturabnahme mit der Höhe, rapide und sehr
hohe Aufstiege der Warmluftpakete bewirken und
deren Temperaturdifferenz zur Umgebung diese beschleunigen, was zur Gewitterbildung führt. Bedingungen für örtliche Gewitter sind hohe Tageswärme,
Windstille und hohe Luftfeuchtigkeit. Bei einer stabilen Schichtung steigt ein erwärmtes Luftpaket
nicht weiter an, da es in der Höhe keine Temperaturunterschiede vorfindet – keine Wolkenbildung. In einer indifferenten Schicht bleibt das Luftpaket bei
Temperaturgleichheit „stehen".

Fronten

Um diese zu beschreiben, bedarf es einer „Bilder-
buchdarstellung". Bei der Entstehung einer Zyklone
– eines Tiefs – geraten nach der „Bjerknes"-Theorie
eine Kalt- und eine Warmluftmasse an der Trenn-
schicht in Schwingung. Die schnellere, schwerere
Kaltluft schiebt sich drehend unter die wärmere Luftmasse und hebt diese an. Die Luftfeuchtigkeit dieser
Warmluftmasse beginnt aufgrund der Abkühlung in
der Höhe zu kondensieren. Beim Aufgleiten auf den
kühleren Luftkeil entsteht so eine Schichtwolken-
masse, die bis in geringe Höhe hinunterreicht und
für die Sichtflieger flugausschließend sein kann.
Dieser Vorgang wird Warmfront genannt und bewegt
sich vorwiegend mit Südwestwind.

Am „Bug" der schiebenden Kaltluftmasse wird
die Warmluft rapide in die Höhe gedrängt. In dieser
nun labilen Schichtung und dem vehementen Aufstieg der feuchten Warmluft ergeben sich die Bedin-

gungen für Frontgewitter, deren Turbulenzen, Gefahren von Vereisung durch Klareis und Hagel sowie heftige Schauer bekannt sind. Markant sind die Cumulonimbus-Wolken, die bei Erreichen der Tropopause sich horizontal ausbreiten und den berühmten Amboss bilden. Nach Durchzug der Kaltfront herrscht gute Flugsicht, in der nordwestlichen Strömung folgen mittelhohe Cumuluswolken.

Der Vorgang der Kondensation ist auch Grundlage für die Nebelbildung. Immer wenn eine Luftmasse abgekühlt wird und deren Feuchte kondensiert, findet Wolkenbildung – auch die von Nebel – statt. Bei Erwärmung, z. B. bei Sonneneinstrahlung oder Absinken einer Luftmasse, kann die Feuchte wieder aufgenommen werden und diese wird unsichtbarer Wasserdampf.

Auch der Föhn ist nichts anderes als das Wechselspiel von Temperatur, Luftmassenbewegung und Feuchtigkeit. Wird eine feuchte Luftmasse von Süden gegen die Alpen gedrängt, kondensiert beim Aufstieg deren Luftfeuchte, die Wolkenmasse ist auch als „Föhnmauer" bekannt. Der Aufstieg verläuft bis zur Wolkenbasis mit einer Abkühlung von 1° pro 100 Meter, darüber mit 0,5° pro 100 Meter. Beim Überströmen der Alpen lösen sich die Wolken auf und auf der Föhnrückseite sinkt diese trockene Luftmasse wieder ab. Sie erwärmt sich wieder dabei trockenadiabatisch mit 1° pro 100 Meter. Sie kommt in geringen Höhen in feuchtere Schichten und nimmt deren Feuchte auf und steigt wieder. Auf dem Scheitelpunkt dieser Wellen bilden sich flache, auch manchmal mehrstufige Föhnwolken, auch Lenticularis genannt. Bezeichnend für die Föhnlage ist die warme trockene Luft auf der Nordseite der Alpen mit sehr guten Sichtverhältnissen. Jedoch kann auf der Leeseite heftige Turbulenz mit Leerotoren herrschen. Diese Wettererscheinung ist nicht auf die Alpen beschränkt.

Die rasante Entwicklung einer Cumulonimbuswolke deutet auf die bevorstehende Bildung eines heftigen Gewitters hin.

Die Entstehung einer Föhnwetterlage. Die Bewölkung einer Wetterfront staut sich an einer Gebigsformation. In der „Föhnmauer" steigt die feuchte Luftmasse an den Hängen auf und kühlt sich ab. Auf der Leeseite wärmt sich die getrocknete Luft wieder auf. Durch erneute Feuchtigkeitaufnahme bilden sich innerhalb der wellenförmigen Luftbewegungen die bekannten Föhnwolken.

Wolkenarten

Die Wolken werden in der Fliegerei meistens nach ihrer Eigenschaft als „harmlos" bis „gefährlich" eingestuft. Für die Flieger unterhalb der „Sauerstoffgrenze" (12.000 Fuß) können die Bedingungen für die Einhaltung der Sichtflugregeln schnell in solche für nur Instrumentenflug umwechseln. Das kann durch die Entwicklung von Cumuluswolken eintreten und wenn sie sich in größere Höhen auftürmen, in Gewitter ausarten, abzuschätzen am Ausmaß der Cumulonimbus (Cb) mit „Blumenkohl"-ähnlicher Gestalt, wie oben erwähnt lokal und auch in Kaltfronten reihenweise anzutreffen. Als eine ebenfalls vertikal wie auch horizontal weit reichende Wolke kann die Nimbostratus (Ns) den Weiterflug verhindern. Ihre Basis kann mit ihrem dichten Landregen knapp über der Erdoberfläche ziehen. Sie ist eigentlich das „dicke Ende" der Warmfront. Es können dort auch eingebettete Gewitter auftreten. Mit den hohen Wolken selbst, die als Cirruswolken bekannt sind wie z. B. Cirrostratus und Cirrocumulus kommen lediglich höher fliegende Maschinen in Berührung.

Die Vorbereitungen eines Fluges in winterlichen Verhältnissen müssen sehr sorgfältig vorgenommen werden. Die niedrige Temperatur verspricht zwar gute aerodynamische und motormäßige Leistung, jedoch können diese durch typische Wettererscheinungen der kalten Jahreszeit eingeschränkt werden.

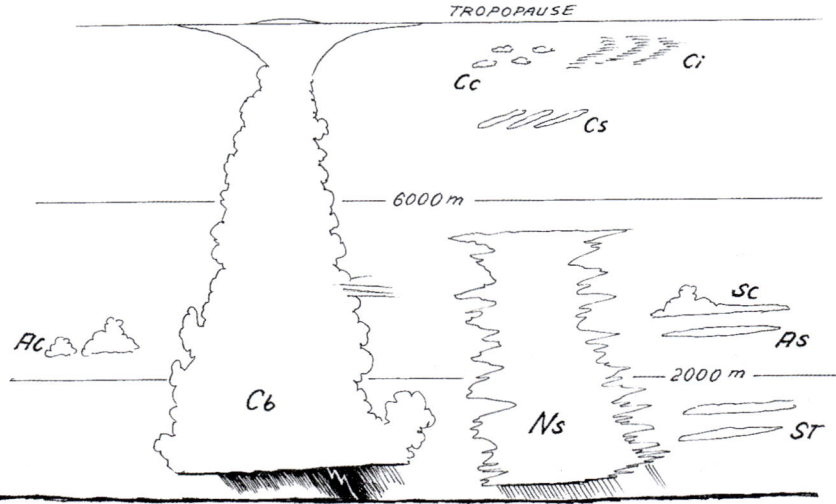

Der Querschnitt zeigt die Wolkenformen der Haufen-, also Cumuluswolken und der Schicht-, - der Stratuswolken. Es existieren auch daraus Mischformen, deren Grenzen fließend sind. Ab Erdoberflächenniveau bis in eine Höhe von 2.000 Metern werden die Kondensationserscheinungen als niedere Wolken bezeichnet, bis 2.000 Meter als mittelhohe und darüber als hohe Wolken.

Achtung, Vereisung: das linke Flugzeug ist durch eine Luftmasse mit großtropfigem Wasser geflogen oder durch unterkühlten Regen mit dem großflächig ansetzenden Klareis an den Frontpartien überzogen worden. Das Flugzeug rechts kam mit kleintropfigem Wasser, wie es in Schichtwolken angetroffen wird, in Berührung. Es bilden sich aerodynamisch schädliche Eis-Leisten an den Vorderkanten aller Bauteile.

Die mittelhohen Wolken unterhalb 6.000 Meter werden von Altocumulus und Altostratus sowie von Stratus und Cumulus vertreten. Die Bezeichnung Stratus steht für Schicht- und Cumulus für Haufenwolke, so dass Mischformen als Stratocumulus auftreten.

Unterhalb 2.000 Meter werden die Wolken als niedere bezeichnet. Ob sich diese in Haufen-, Schicht- oder Mischform gebildet haben, sie können ernsthafte Hindernisse für die Sichtflieger bedeuten. Die gefährlichste Art der Kondensation ist die Nebelbildung, da hierdurch die Erdsicht wie z. B. während der Landung bei flachem Eintauchen vollkommen zurückgeht. Ob es sich um den Strahlungsnebel handelt, der sich nachts über feuchten Wiesen bildet; um den Mischungsnebel, der durch Zusammentreffen von zwei fast gesättigten Luftmassen mit unterschiedlicher Temperatur ausgeht; der Küstennebel, der durch die Bewegung einer relativ warmen und feuchten Luftmasse über kaltem Untergrund verursacht wird: Wann immer eine feuchte Luftmasse bis zum Taupunkt abgekühlt wird, entsteht Kondensation und Sichtrückgang! Deshalb ist ein wichtiger Bestandteil der Flugplanung das eingehende Studium der Wetterkarte – mit Prognose. Die Gefahr der Vereisung ist bei Flugzeugen, die mit Anlagen zur Verhinderung von Eisbildung auf elektrische, chemische oder heißluftbetriebene Art ausgestattet sind, bei manchen Wetterbedingungen dennoch vorhanden.

Die verspätete Beseitigung einer Eisschicht kann problematisch sein und zu Schäden führen. Von Propellern abplatzende Eisschichten können gegen die Flugzeugzelle schlagen oder von der Flügelnase wegfliegend Leitwerksteile treffen. Das großtropfige Wasser der Quellwolken bildet eine glasige Schicht und überzieht sämtliche der Strömung ausgesetzten Teile. Der Gewichtszuwachs kann enorm sein und bewegliche Teile können blockieren. Dieses „Klareis" genannte Phänomen tritt auch beim Durchflug unterkühlten Regens auf. Eine andere Eisbildung hat eine Verformung der Profilnasen von Flügel und Leitwerk zur Folge und stört die Aerodynamik nachhaltig, da diese Eisform einen pilzförmigen Ansatz entwickelt. Sie ist in Schichtwolken mit kleintropfigem Wasser möglich und ist als „Rauheis" bekannt. Die größte Gefahr geht jedoch von der Missachtung der wettermäßigen Einschränkungen aus. Der leider vielfach ignorierte Rat erfahrener Luftfahrer sollte in der Praxis unbedingt ernst genommen werden.

Pilotenlizenzen in Deutschland

Wie werde ich Pilot?

Bis man eine Pilotenlizenz in den Händen hält und selbst fliegen darf, ist ein umfangreiches Ausbildungsprogramm zu durchlaufen. Zu Beginn scheint es, als würde man den sehr umfangreichen Lehrstoff kaum im geplanten Rahmen schaffen, doch die einzelnen praktischen und theoretischen Trainingsphasen sind sinnvoll geplant und aufeinander abgestimmt. Die folgende Aufstellung gibt nur teilweise den Umfang der Voraussetzungen, der Ausbildungsabläufe, der Prüfungen, des Umfanges der Berechtigungen, der zusätzlichen Qualifikationen und die Gültigkeitsdauer wieder – hier die geraffte Form.

Der Weg zu den verschiedenen Berechtigungen

Im Mai 2003 wurden die neuen Ausbildungsrichtlinien für Luftfahrtpersonal auch in Deutschland nach JAR – FCL 1 (Joint Aviation Requirements – Flight Crew Licencing / Aeroplane) anerkannt – einschließlich der erforderlichen medizinischen Tauglichkeits-Bestimmungen.

PPL-A Privat-Piloten-Lizenz.
Nationale PPL (A) bis 750 Kg Fluggewicht

Vorraussetzungen:
Mindestalter für Beginn der Ausbildung 16 Jahre, zum Erlangen der Lizenz 17 Jahre. Personalausweis/Pass, Tauglichkeitszeugnis Klasse 2 oder 1, polizeiliches Führungszeugnis, bei Minderjährigen Zustimmung des gesetzlichen Vertreters, Nachweis über Teilnahme an einem Lehrgang für Sofortmaßnahmen am Unfallort.

Ausbildungsweg:
35 Flugstunden, davon 10 im Alleinflug,

Überlandflug von mind. 720 km mit zwei Zwischenlandungen, mindestens ein weiteres Muster während der Ausbildung, Theoretische Ausbildung in den 7 Standardfächern.

Für Segelflugzeugführer, Hubschrauberführer und Ultraleicht-Flugzeugführer können diverse Flugstunden angerechnet werden. Weitere 5 Flugstunden mit 10 Starts und Landungen mit und ohne Lehrer sowie nach Prüfung führen zur Klassenberechtigung einmotoriger kolbengetriebener Landflugzeuge bis 2.000 kg. (Nationaler PPL (A) bis 2.000 kg).

Zusätzliche Berechtigungen:
Nachtflugqualifikation und Klassen- und Musterberechtigung für zweimotorige Flugzeuge mit einem Piloten gesteuert. (Mindestens 70 Flugstunden als verantwortlicher Pilot).
Berechtigung:
Einmotorige Flugzeuge mit Höchstgewicht von 2.000 kg innerhalb der Bundesrepublik Deutschland, Flüge nach Sichtflugregeln am Tage im nicht gewerblichen Luftverkehr.

Instrumentenflugberechtigung.
Voraussetzungen:
Flugmedizinische Tauglichkeit
Sprechfunkzeugnis in englischer Sprache
PPL (A) mit Nachtflugberechtigung oder CPL (A)
Mind. 50 Stunden Überlandflugzeit als verantwortlicher Pilot auf Flugzeugen oder Hubschraubern. (Mind. davon 10 Stunden auf Flugzeugen)

Langstreckenflugberechtigung.
Voraussetzungen:
(Langstreckenflug: Flug, der außerhalb Europas und des Mittelmeerraumes stattfindet, wobei die Entfernung zwischen Start- und Landeplatz mehr als 500 km beträgt)

CPL (A) für PPL (A) – Inhaber.
(Modulare Ausbildung)

Voraussetzungen:
Mindestalter 18 Jahre,
Tauglichkeitsklasse 1,
Personalausweis / Pass,
Polizeiliches Führungszeugnis,
Auszug aus dem Verkehrszentralregister,
Teilnahme an Erste-Hilfe-Lehrgang.

Mind. 200 Flugstunden auf Flugzeugen mit einem Flugzeug, das mit von einem JAA-Mitgliedstaat akzeptierten Lufttüchtigkeitszeugnis betrieben wird, 30 Stunden als verantwortlicher Pilot mit PPL (H) auf Hubschraubern, 100 Stunden auf Hubschraubern mit einer CPL (H) oder 30 Stunden auf Reisemotorseglern oder Segelflugzeugen.

CPL (A) IR (Durchgehende Ausbildung)

Voraussetzungen wie oben plus:
Sicherstellung, dass Bewerber über ausreichend Kenntnis in Mathematik, Physik und Englisch verfügt, was ihm erleichtert, dem theoretischen Unterricht zu folgen.
Dauer zwischen 9 und 30 Monaten.

Inhabern einer PPL (A) kann die Hälfte der vor Beginn geflogenen Stunden auf geforderte Flugzeit angerechnet werden. Mit Nachtflugberechtigung bis zu 45 Stunden.

Berechtigt für Tätigkeit als Pilot auf ein- oder mehrmotorigen Flugzeugen mit einem Piloten bei gewerbsmäßiger Beförderung.

ATPL (A) Air Transport Pilot Licence

Voraussetzungen wie oben plus:
Mind. 1.500 Stunden als Pilot auf Flugzeugen, davon höchstens 100 Stunden auf einem Simulator. Darin sollten mindestens enthalten sein:
500 Stunden im Flugbetrieb mit 2 Piloten auf Verkehrsflugzeugen, 250 Flugstunden als verantwortlicher Pilot, von denen 150 Stunden als Copilot, der die Aufgaben und Tätigkeiten des Verantwortlichen unter dessen Aufsicht ausübt, angerechnet werden können.
200 Stunden Überlandflug, davon mind. 100 Stunden als verantwortlicher Pilot oder als Copilot wie oben im Ermessen der zuständigen Stelle.
75 Stunden Instrumentenflug, davon höchstens 30 im Simulator, 100 Flugstunden bei Nacht als verantwortlicher Pilot oder Copilot. Berechtigt für Ausübung aller Rechte einer PPL(A), CPL (A) und IR (A) und als verantwortlicher Pilot oder Copilot auf Flugzeugen tätig zu sein, die im gewerblichen Luftverkehr eingesetzt werden.

Dauer des Lehrganges: 12 bis 36 Monate.
Modulare theoretische Ausbildung
Bewerber sollen innerhalb 18 Monaten unter der Betreuung des Ausbildungsleiters einer Flight Training Organisation 650 Stunden theoretischen Unterricht für den Erwerb des ATPL erhalten. Bei Inhabern einer CPL / IR verringert sich dieser Abschnitt um 350 Stunden, mit einer CPL oder IR um 200 Stunden. Vor der Zulassung zur Ausbildung sind ausreichende Kenntnisse in Mathematik und Physik nachzuweisen, die dem besseren Verständnis in den Bereichen Technik und Triebwerkskunde, Aerodynamik, Wetterkunde, Luftrecht, Navigation, Menschliches Leistungsvermögen, Luftraumstruktur und Flugverkehrslenkung, Flugfunk, Funknavigation und Flugplanung, Instrumentenflug und Verhalten in außergewöhnlichen Situationen zugute kommen.

Bildnachweis:

Airbus: S. 53; Boehl, Andreas: S. 14, 31, 131; Cohausz, Peter W.: S. 48, 52, 57 oben u. unten; Daiberl, Bernd: S. 21; Flieger-Magazin: 13 oben u. unten, 15, 19, 26, 28, 29, 79, 81 unten, 82 mitte, 89 oben u. unten, 108, 120, 122 unten, 130; Gandet, Erich: S. 4; Huber: S. 132; Kieras, Peter: S. 49; Krikava, Simon: S. 66; LTU: S. 50/51; Mauch, Helmut: S. 25, 63, 74, 75 oben u. unten, 104 oben u. unten, 105, 111, 118, 124 unten, 137; Picture-alliance/dpa: S. 6, 11, 12, 16/17, 22, 58, 68, 73, 76, 83, 88, 98, 110, 113, 115, 128; Pixelio.de: S. 9, 20, 34, 38, 44, 61, 64, 70, 71, 72, 77, 82 oben, 84, 94, 97, 100, 101, 102, 107 oben u. unten, 109, 122 oben, 129, 134; Plath, Dietmar: S. 32/33, 41, 45, 90/91, 106, 116/117; Stock, Claudia: S. 27, 35, 93; Stünkel, Rolf: S. 103; Zeitler, Andreas: S. 36, 47, 62, 80 unten, 82 unten, 86 oben u. unten, 87 unten, 121, 125, 126/127; Zimmer, Lothar: S. 54 oben u. unten, 124 oben, 138

Glossar

ABFANGEN Der Übergang vom Sinkflug in die Ausschwebephase bei der Landung

AUSSCHWEBEN Flugzustand vor dem Aufsetzen mit abnehmender Geschwindigkeit

ABHEBEN Verlassen der Startbahn mit Übergang in den aerodynamisch wirksamen Flugzustand

ABKIPPEN Zügige Einnahme einer Schräglage wegen eintretendem Strömungsabriss am entsprechenden Tragflügel

ABLÖSEN Trennung der laminaren oder turbulenten Strömung z. B. von der Profiloberfläche

AFCS Automatic Flight Control System – Automatisches Flugkontrollsystem

AMSL Above mean sea level – über mittlerer Meereshöhe

AUFSETZPUNKT Der Punkt am Anfang der Landebahn, an dem der Soll-Gleitpfad die Aufsetzfläche schneidet und ab dem die gesamte Bahnlänge verfügbar ist.

BESTER GLEITWINKEL Der von einem Flugzeug konstant zu fliegende Gleitwinkel ohne Motorunterstützung

BREMSKLAPPEN Aus der Oberseite der Tragfläche ausfahrbare Klappen mit Bremswirkung zur Reduktion der Fluggeschwindigkeit

BRUCHLAST Überbeanspruchung eines Bauteils, bei wichtigen funktionellen Komponenten wird ein Lastvielfaches zugeordnet

BÜGELKANTE Eine an den Ruderhinterkanten fest einstellbare Klappe oder Kante, mit der eine Feineinstellung bei Neutralstellung von Steuerknüppel und Pedalen vorgenommen wird

CAVOK Ceiling and Visibilty o.k. (engl.) Flugsicht und Wolken gegenwärtig problemlos

CLEAN CONFIGURATION Fahrwerk und Klappen eingezogen bzw. eingefahren, wie z. B. im Reiseflug

CRITICAL ENGINE Dasjenige Triebwerk, dessen Ausfall die Flugleistungen am ungünstigsten beeinflusst.

DIENSTGIPFELHÖHE Die von einem Luftfahrzeug maximal erreichbare Höhe, in der noch eine Steigleistung von 0,5 m/sec möglich ist.

DURCHSTARTEN Den Landeanflug abbrechen und mit Zufuhr von Triebwerksleistung wieder in den Steigflug übergehen.

DUTCH ROLL Geringe Schwingung um Längs- und Hochachse. Tritt ein bei bestimmter Dimensionierung von Seitenleitwerk, Pfeilung des Tragwerks und Dicke des Rumpfes.

ELEVATOR Höhenleitwerk des Flugzeugs, entweder als einteiliges Pendelruder oder aus Flosse und Ruder bestehend.

ENDANFLUG Der abschließende Teil eines Anfluges, der in gerader Linie entlang der Pistenachse bei ca. 15 km beginnt.

FAN Triebwerk-Schaufelblätter. Großdimensioniert am Lufteinlauf, geringere Durchmesser im Kompressor und in der Turbine.

FLUGEIGENSCHAFTEN Das Verhalten eines Flugzeugs bei verschiedenen Geschwindigkeiten und in Grenzbereichen sowie die statische und die dynamische Stabilität sowie die Steuerbarkeit in allen Bereichen.

GLASCOCKPIT Die Darstellung mit LCD-Technik sämtlicher Flugüberwachungs-, Navigations- und Triebwerksparameter sowie Kartendarstellung.

GRENZSCHICHTBEEINFLUSSUNG Verfahren entweder durch Beschleunigung an Vorflügeln oder Landeklappen durch Venturi-Effekt, die Strömung besser zum Anliegen zu bringen oder durch Absaugung durch kleine Öffnungen auf der Profiloberseite, auch kleine Plättchen sind als Turbulenzgeneratoren aufgesetzt.

HUD Engl. Head up display : Mittels Holografie in das Cockpitfrontfenster deckungsgleich mit dem Blick nach draußen eingespiegeltes Flugdatenfeld.

IMC Engl. Instrument Meteorological Conditions, Wetterbedingungen, die momentan Flüge in den betroffenen Lufträumen nur nach Instrumenten zulassen.

INSTRUMENTENFLUG Kontrolle der Fluglage und des Flugweges nach Instrumentenanzeigen einschließlich der Navigation. Flug-

zeug muss dafür zugelassen sein und Pilot muss hierfür Berechtigung besitzen.

JAA Engl. Joint Aviation Authority: Zusammenschluss der europäischen Zulassungsbehörden für Luftfahrzeuge.

KONTROLLIERTER LUFTRAUM Luftraum mit definierten Ausmaßen, in dem Flugverkehrslenkung, sprich Flugverkehrskontrolle besteht. Einflug nur mit bestimmten Bedingungen.

LAMINARPROFIL Schlankes, widerstandsarmes Profil mit weit über die Tragfläche verlaufender verwirbelungsfreier und anliegender Strömung.

MTOW Engl. Maximum Take Off Weight: Maximales Startgewicht. Normalerweise muss vor einer Landung soviel Treibstoff verbraucht werden, dass auch das maximale Landegewicht zum Aufsetzen nicht überschritten wird.

NEBENSTROMVERHÄLTNIS Verhältnis zwischen der Luftmasse, die durch den Kompressor und Heißteil der Turbine fließt und jener um die Turbine herumgeführten.

NOZZLE Flexible Austrittsöffnung eines Strahltriebwerks, bei deren Verkleinerung die Strahlgeschwindigkeit erhöht wird.

PAPI Engl. Precision Approach Path Indicator: Optische Einrichtung zur Kontrolle des Landeanflugpfades, rote und weiße Lampen.

PFEILUNG Winkel zwischen der Bezugslinie des Tragflügels zur Flugzeuglängsachse. Ermöglicht höhere Geschwindigkeiten. Rückwärts gepfeilte Flügel werden als positiv und vorwärts gerichtete als negativ gepfeilte bezeichnet.

PROFIL, ORTHODOXES Ein überwiegend in den meisten Flugzeugen der „langsameren" Klasse genutzter Flügelquerschnitt. Dieses Profil weist eine größere Dicke, weit vorne liegende maximale Dicke und großen Nasenradius auf. Die Grenzschicht ist überwiegend turbulent.

PROFIL, SUPERKRITISCHES Im hohen Unterschallbereich treten auf der Oberseite eines gewöhnlichen Profils Überschallerscheinungen mit erheblichem Widerstandstieg auf. Mit flacherer Oberseite, leicht besser gewölbter Unterseite und gegenüber den anderen Laminarprofilen relativ vergrößertem Nasenradius sowie leicht abwärts verlaufender Hinterkante werden diese Effekte verzögert.

QNH Luftdruck auf mittlerer Meereshöhe

RADIALVERDICHTER Die zunächst axial eingesaugte Luftmasse wird von einem Schaufelrad größeren Durchmessers radial geführt und in die Brennkammer gepresst.

REVERSE THRUST Engl. Schubumkehr. Nach der Landung wird der Strahl der Turbinentriebwerke durch besondere Klappen oder Kaskaden umgelenkt, wodurch die Ausrollstrecke stark verkürzt wird.

ROTATIONSGESCHWINDIGKEIT Bei dieser Geschwindigkeit wird während des Starts die Flugzeugnase mit dem Höhenruder angehoben. Sie entspricht der Entscheidungsgeschwindigkeit und liegt 5% über der Mindestgeschwindigkeit, also Steuerbarkeit nach Ausfall eines Triebwerks. Durch Anheben des Flugzeugs entsteht momentan höherer Bodendruck, aber sofort durch Anstellung Auftrieb – jedoch auch zugleich Widerstand. So müssen auch minimale Fahrtpolster gesichert bleiben.

SEITENWINDLANDUNG Unter der Einwirkung einer seitlichen Windkomponente kann nicht jedes Flugzeug mit Vorhaltewinkel gelandet werden. Daher wurde eine Methode entwickelt, die durch entsprechende Querlage des Tragwerks und mit auf die Landebahn ausgerichtetem Fahrwerk eine sichere Landung ermöglicht.

SIDE STICK Steuerknüppel, der seitlich von den Piloten angebracht ist. Damit werden nach der „Fly-by-wire"-Technik die Steuerimpulse auf elektronischem Wege an die Stellmotoren der Quer- und Höhenruder übermittelt.

STANDARD-DRUCK Nach ICAO festgelegter Luftdruck von 1013,25 hPa in Meereshöhe entsprechend der Standard-Atmosphäre bei 15° C und null % Luftfeuchte. Oberhalb der Übergangshöhe wird der Höhenmesser von QNH auf diesen Wert eingestellt, wonach der Höhenmesser die beflogene Flugfläche (flight level) anzeigt. Zum Beispiel 10.000 Fuß = FL 100.

STAUROHR Ein am Rumpfbug, unter oder vor einer Tragfläche angebrachtes Messrohr zur Messung der Fahrt gegenüber der umgebenden Luftmasse. Wird vorwiegend außerhalb aerodynamischer Einflüsse montiert.

STELLMOTOR Elektromotor, der auf die Steuereingaben des Piloten reagiert und die Ruderflächen entsprechend ausschlagen lässt.

STRAHLTRIEBWERK Ein nach dem Rückstoßprinzip funktionierender Antrieb für Flugzeuge. Die im Kompressor verdichtete Luft wird in der Brennkammer mit zerstäubtem Treibstoff vermischt. Das entzündete Gemisch dehnt sich durch die Turbine aus. Der mit hoher Geschwindigkeit aus der Düse ausströmende Abgasstrahl erzeugt den Rückstoß. Die Turbinenstufe treibt mit der selben Welle den Verdichter an.

STICK SHAKER Künstlich herbeigeführtes Schütteln des Steuerknüppels als deutlicher Warnhinweis vor Erreichen eines Strömungsabrisses. Bei manchen Flugzeugen tritt ein „Stick pusher" in Aktion und drückt das Höhenruder, wenn dies vom Piloten versäumt wird, und führt wieder in eine weniger angestellte Situation.

STRUKTUR Die Flugzeugstruktur umfasst sämtliche tragenden Teile, die statische und aerodynamische Kräfte aufnehmen und weiterleiten. Die Struktur macht ca. ein Viertel bis zu einem Drittel des Abfluggewichts aus. Dabei werden Flügel, Rumpf mit Leitwerk, Fahrwerk und die Aufhängungen der Triebwerke als Hauptbaugruppen bezeichnet, also die Flugzeugzelle. Die Struktur selbst macht nur etwa die Hälfte des Leergewichts aus !

TANDEMLUFTSCHRAUBEN Luftschrauben, die hintereinander in gegensinniger Laufrichtung drehen und von einem gemeinsamen Triebwerk angetrieben werden. Damit werden unsymmetrische Kräfte des Luftschraubenantriebes kompensiert, der Wirkungsgrad des Antriebes besser genutzt und die Strömungsverhältnisse optimiert.

ÜBERZIEHEN Flugzustand, bei dem der maximale Anstellwinkel überschritten wurde und dadurch der Strömungsabriss beginnt.

UNUSUAL ATTITUDE Engl. Ungewöhnliche oder extreme Fluglage. Zur Wiederherstellung der sicheren Fluglage werden bestimmte Verfahren angewandt, die während der Schulung, Überprüfung und weiteren Trainingsabschnitten wiederholt werden.

VARIOMETER Ein auf barometrischem Prinzip funktionierendes Anzeigegerät, das die Vertikalgeschwindigkeit anzeigt, Steigen oder Sinken , in Fuß pro Minute.

VERWINDUNGSKLAPPEN In den Flügelaußenbereichen bewegliche Ausschnitte, die zur Kontrolle der Querlage entgegengesetzt ausschlagen, üblich als Querruder bekannt.

VMC Engl. Visual Meteorological Conditions – Wetterbedingungen für Sichtflug.

WETTERFAHNENEFFEKT Die Eigenschaft eines Flugzeugs, bei Seitenwind durch Anblasung des Hecks und des Seitenleitwerks in den Wind zu drehen. Die Seitenwindempfindlichkeit wird nur bei Manöver am Boden wie beim Start oder Landung wahrgenommen.

WENDEZEIGER Instrument zur Anzeige der Kurvendrehgeschwindigkeit , reagiert auf Drehungen um die Hochachse und die Längsachse aufgrund der Kreiselgesetze.

WINGLETS An den Tragflächenenden angeschlossene aerodynamisch geformte kleinere Flächen, die rechtwinkelig oder schräg aufgesetzt den induzierten Luftwiderstand verringern und die Flugleistungen verbessern.

WIRBELSCHLEPPE Die während der Auftriebserzeugung entstehenden Wirbel und Turbulenzen hinter den Tragflächen. Bei größeren Flugzeugen in großer Höhe sichtbar durch Kondensation der Feuchte in den Triebwerksabgasen.

ZWEI-WELLEN-TRIEBWERK Strahltriebwerk, bei dem jeweils ein Kompressor (Verdichter) und eine Turbine auf zwei verschiedenen Wellen rotieren. Es existieren auch stärkere Triebwerke mit drei Wellen. Bei manchen Turbinen ragt die innere Welle in das Untersetzungsgetriebe zum Antrieb des Propellers.

Die ganze Welt der Luftfahrt

144 Seiten, ca. 165 Abb.
ISBN 978-3-7654-7053-0

128 Seiten, ca. 160 Abb.
ISBN 978-3-7654-7006-6

144 Seiten, ca. 160 Abb.
ISBN 978-3-7654-7034-9

Die Geschichte der Lufthansa
Luftfahrtlegende seit 1926
168 Seiten, ca. 200 Abb., Hardcover
ISBN 978-3-7654-7050-9

Was 1926 ganz klein in Berlin-Tempelhof begann, ist heute eine der größten und angesehensten Fluggesellschaften der Welt – die Lufthansa. Von der hoch subventionierten Staatsfluglinie zu einem innovativen Branchenführer: Helmut Trunz hat jahrelang recherchiert und erzählt packend und äußerst sachkundig die faszinierende Geschichte der Kranichlinie. Exzellente Bilder und ausführliche Informationen zur Flotte der Lufthansa machen den Band zum opulenten Luftfahrtgenuss.

Das komplette Programm unter www.geramond.de